创新职业教育系列教材

网络综合布线技术与施工

史　峰　主编

U0301315

中国林业出版社

图书在版编目(CIP)数据

网络综合布线技术与施工／史峰主编.—北京：中国林业出版社，2015.11（2018.7重印）
（创新职业教育系列教材）
ISBN 978－7－5038－8235－7

Ⅰ.①网… Ⅱ.①史… Ⅲ.①计算机网络－布线－技术培训－教材
Ⅳ.①TP393.03

中国版本图书馆 CIP 数据核字（2015）第 254672 号

出版：中国林业出版社(100009 北京西城区德胜门内大街刘海胡同 7 号)

E-mail：Lucky70021@ sina. com **电话**：010－83143520

发行：中国林业出版社总发行

印刷：三河市祥达印刷包装有限公司

印次：2018 年 7 月第 1 版第 2 次

开本：787mm×1092mm 1/16

印张：15.75

字数：280 千字

定价：31.00 元

序　言

　　"以就业为导向，以能力为本位"是当今职业教育的办学宗旨。如何让学生学得好、好就业、就好业，首先在课程设计上，就要以社会需要为导向，有所创新。中职教程应当理论精简、并通俗易懂易学，图文对照生动、典型案例真实，突出实用性、技能性，着重锻炼学生的动手能力，实现教学与就业岗位无缝对接。这样一个基于工作过程的学习领域课程，是从具体的工作领域转化而来，是一个理论与实践一体化的综合性学习。通过一个学习领域的学习，学生可完成某一职业的典型工作任务（有用职业行动领域描述），处理典型的"问题情境"；通过若干"工作即学习，学习亦工作"特点的系统化学习领域的学习，学生不仅仅可以获得某一职业的职业资格，更重要的是学以致用。

　　近年来，几位职业教育界泰斗从德国引进的基于工作过程的学习领域课程，又把我们的中职学校的课程建设向前推动了一大步；我们又借助两年来的国家示范校建设契机，有选择地把我们中职学校近年来对基于工作过程学习领域课程的探索进行了系统总结，出版了这套有代表性的校本教材——创新职业教育系列教材。

　　本套教材，除了上述的特点外，还呈现了以下特点：一是以工作任务来确定学习内容，即将每个职业或专业具有代表性的、综合性的工作任务经过整理、提炼，形成课程的学习任务——典型工作任务，它包括了工作各种要素、方法、知识、技能、素养；二是通过工作过程来完成学习，学生在结构完整的工作过程中，通过对它的学习获取职业工作所需的知识、技能、经验、职业素养。

　　这套系列教材，倾注了编写者的心血。两年来，在已有的丰富教学实践积累的基础之上不断研发，在教学实践中，教学效果得到了显著提升。

　　课程建设是常说常新的话题，只有把握好办学宗旨理念，不断地大胆创新，把所实践的教学经验、就业后岗位工作状况不断地总结归纳，必将会不断地创新出更优质的学以致用的好教材，真正地为"大众创业、万众创新"做好基础的教学工作。

沈士军

2015 年岁末

前　　言

　　"网络综合布线技术与施工"是计算机网络技术专业的核心课程，是以职业竞争力为导向的工作过程系统化学习课程，是培养网络综合布线岗位能力的一门工学结合课程。

　　本书以国家标准《综合布线系统工程设计规范》（GB 50311—2007）和《综合布线系统工程验收规范》（GB 50312—2007）为依据，反映了综合布线领域最新的技术和成果，采用项目教学与任务驱动模式进行编写。

　　本教材的项目按照"项目驱动、分层递进、学生主体"的思路组织设计，教学场景实现了"模拟平台、真实项目、岗位项目"逐级向工作岗位的逼近，职业能力培养从单项技能训练逐步向综合职业能力培养过度，符合学生的综合职业能力养成规律。教学内容分两个教学情境，十个学习任务，涵盖综合布线系统中的设计、施工、测试、验收与维护。每个任务，以工作过程为主线开展教学，按照完成一个实际工程项目完整的流程组织教学过程，整个流程包括任务描述、任务分析、知识准备、任务实施四个环节，引导学生通过任务实践寻找完成任务的途径和方法，最终实现任务要求。本教材由史峰担任主编，王振、张举任副主编，王晓燕、杨正权、朱晓燕、李静等参与编写，是产学结合的结晶。作者既有来自教学一线的职业学校教师，也有来自企业的管理专家和技术人员。

　　编者意在奉献给读者一本实用并具有特色的教材，但由于书中涉及的许多内容属于发展中的高新技术，加之编者水平有限，难免有错误和不妥之处，敬请广大读者给予批评指正。

编　者

CONTENTS 目录

学习情境一 办公室网络综合布线系统

知识目标

1. 了解网络综合布线的组成及特点。
2. 掌握需求分析的方式与方法。
3. 了解双绞线的参数。
4. 掌握网络综合布线的工作区子系统、配线子系统及管理子系统的设计。
5. 了解常见的施工工具及使用。
6. 掌握 PVC 管槽的安装方法与规范。
7. 掌握双绞线的端接方法。
8. 掌握连通性测试。
9. 掌握验收的方式与方法。

技能目标

1. 能够进行网络综合布线系统需求分析。
2. 能够为小型网络综合布线系统进行设计。
3. 能够安装规范的 PVC 线槽。
4. 能够端接合格的双绞线。
5. 能够制作合适的标签。
6. 能够进行连通性测试。
7. 能够对小型网络综合布线系统进行验收。

素质养成目标

1. 培养良好理解能力。
2. 具有较强的口头语言书面表达能力、人际沟通能力。
3. 培养良好的施工规范、职业素养和严谨的工作作风。

情景导入

某网络公司承接了一个小型网络综合布线项目，为某职业学校一间办公室进行网络综合布线。办公室位于该校 1 号教学楼 2 楼，门牌号是 1 – 210。办公室已投入使用 7 年，之前一直没有实施网络布线，只在门口处预留了 2 条从楼层配线间引入的干线。现需要为每张办公桌配置一个网络接入点，使每位老师的计算机能够接入到校园网，进行日常办公。请为该办公室设计安装合理的网络综合布线系统。

项目分析

通常来讲，办公室网络综合布线系统规模不大，设计施工都较为简单。从初步了解中可判断只需对办公室内进行网络布线，不用做语音与监控布线。另一方面，办公室网络综合布线系统不一定包含网络综合布线的所有组成部分，应该根据需求及环境进行设计与施工。总体来讲项目较为简单，但也不能粗心大意，需要按照规范进行设计与施工。

解决思路

在接到办公室网络综合布线项目后，某网络公司派技术人员与客户洽谈，了解一些基本信息，如办公室的人数、需要安装信息点的数量及种类、施工的要求等，接着还需进行现场勘察，观察办公室的布局，测量办公室的各项数据，形成文档与图样。有了第一步需求分析的资料后，设计人员才能开始第二步工作，也就是对办公室网络综合布线系统进行合理设计，选择合适的材料与工具，计算材料的用量，绘制相关图样。第三步工作就是施工人员对办公室网络系统施工，施工时需注意安全，施工要规范。第四步是测试验收人员对办公室网络系统进行测试验收。

在本项目中，网络公司需完成以下任务：

学习任务一　认识办公室网络综合布线系统

学习任务二　调查分析办公室实际情况

学习任务三　设计办公室网络综合布线系统

学习任务四　对办公室网络综合布线系统施工

学习任务五　测试验收办公室网络综合布线。

学习任务一 认识办公室网络综合布线系统

任务描述

某网络公司派工程部刘经理负责办公室网络综合布线项目。刘经理的团队以前没有接触过办公室网络综合布线这类项目，为了更方便地开展之后的任务，刘经理决定带领着团队去参观一间已有网络布线的办公室，了解办公室网络综合布线的结构。

任务分析

办公室网络综合布线系统规模不大，不一定包含网络综合布线的所有组成部分，通过这个任务，了解办公室网络综合布线的相关知识。

知识准备

一、什么是网络综合布线系统

网络综合布线系统是用数据和通信电缆、光缆、各种软电缆及有关连接硬件构成的通用布线系统，它能支持音频、数据、图像和其他信息技术的标准应用系统。

网络综合布线系统是一种模块化的、灵活性极高的建筑物内或建筑群之间的信息传输通道系统。通过它可使音频设备、数据设备、交换设备及各种控制设备与信息管理系统连接起来，同时也使这些设备与外部通信网络相连。

它还包括建筑物外部网络或电信线路的连接点与应用系统设备之间的所有线缆及相关的连接部件。网络综合布线由不同系列和规格的部件组成，其中包括传输介质、相关连接硬件（如配线架、连接器、插座、插头、适配器）以及电气保护设备等。这些部件可用来构建各种子系统，它们都有各自的具体用途，不仅易于实施，而且能随需求的变化而平稳升级。

二、网络综合布线组成

在《网络综合布线系统工程设计规范》（GB 50311—2007）中指出，网络综合布线系统应为开放式网络拓扑结构，应能支持音频、数据、图像、多媒体业务等信息的传递。

国家标准《网络综合布线系统工程设计规范》（GB 50311—2007）中规定，网络综合布线系统应按工作区、配线子系统、干线子系统、建筑群子系统、进线间、设备间和管理等 7 个部分设计。如图 1-1 所示为网络综合布线系统基本构成图，如图 1-2 所示为网络综合布线系统组成示意图。

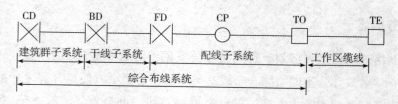

图 1-1　网络综合布线系统基本构成

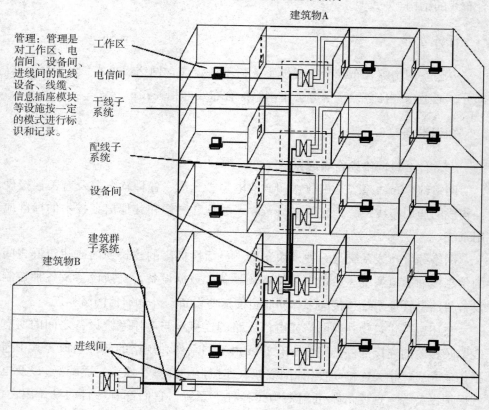

图 1-2　网络综合布线系统组成示意图

任务实施

步骤一：参观学校教师办公室内的网络综合布线系统，拍摄相关图片。

步骤二：参观学校教师办公室内的网络综合布线系统，参观时注意以下细节。

（1）办公室内的网络综合布线系统的水平系统线路。

（2）办公室内的网络综合布线系统所选用的传输介质。

（3）办公室内的网络综合布线系统机柜内的设备及连接方式。

（4）办公室内的网络综合布线系统信息插座。

（5）办公室内的网络综合布线系统选用的线槽。

（6）办公室内的网络综合布线系统有无标签管理。

学习任务二　调查分析办公室实际情况

任务描述

刘经理派你和技术人员小钱对该办公室网络综合布线系统进行需求分析，整理数据，形成需求分析报告，为设计方案提供依据。

任务分析

即使是规模较小的网络综合布线系统，也不能忽视需求分析。做需求分析时，需要对办公室的人数、使用的相关设备、信息点的种类与数量、办公室的环境进行调查整理，根据整理出来的结果进行下一步的设计工作。这样才能做到有的放矢，才能尽可能地减少设计中的不合理现象和施工过程中的返工现象，节约时间、人力、物力。因此，做好办公室网络综合布线系统的需求分析是非常有必要的。

知识准备

一、网络综合布线需求分析概述
在网络综合布线系统工程的规划和设计之前，必须对用户信息需求进行调查和预测，这也是建设规划、工程设计和维护管理的重要依据之一。

二、网络综合布线系统需求分析的内容
（1）了解造价、建筑物距离和带宽要求，从而确定传输介质的种类和数量。

（2）了解建筑物中各工作区的数量和用途，从而确定信息点的数量和相应的功能位置。

（3）了解建筑物的结构及装修情况，从而确定配线间的位置和室内布线方式。

(4)了解用户方建筑楼群间距离、马路隔离情况、电线杆、地沟和道路状况，确定建筑楼群间线缆的敷设方式是采用架空、直埋还是地下管道敷设等。

三、网络综合布线需求分析的注意事项

(1)在进行需求分析时，应以当前的用户需求为主，必须满足当前的实际需求，但在设计过程中，还应预留一定的发展空间，当智能建筑的某些空间需要进行扩建或相关功能发生变化时，需要设计方案对此有一定的应变和冗余能力。需求分析时要求总体规划，全面兼顾。

(2)将得到的各类信息预测结果提供给建设单位或有关部门共同商讨，广泛听取意见。

四、需求分析的方法

1. 通过用户调查获取资料

(1)直接与用户交谈：直接与用户交谈是了解需求的最简单、最直接的方式。

(2)问卷调查：通过请用户填写问卷获取有关需求信息也不失为一项很好的选择，但最终还是要建立在沟通和交流的基础上。

(3)专家咨询：当有些需求用户讲不清楚，分析人员猜不透时，需要请教行家。

(4)吸取经验教训：有很多需求是客户与分析人员都没想到的，或者想得不成熟。因此，要经常分析优秀的网络综合布线工程方案，尽可能吸取优点，摒弃缺点。

2. 获取建筑物相关资料

在做需求分析以及设计与施工时，网络综合布线的设计与施工人员必须要熟悉建筑物的结构，主要通过两种方法来熟悉，一是查阅建筑图纸，二是到现场勘察。勘察工作一般是在新建大楼主体结构完成、网络综合布线工程中标，并将布线工程项目移交到工程设计部门之后进行。勘察参与人员包括工程负责人、布线系统设计人、施工督导人、项目经理及其他需要了解工程现场状况的人，当然还应包括建筑单位的技术负责人，以便现场研究决定一些事情。

任务实施

一、需求分析实施过程

在此采用谈话法和现场勘察两种方法获取客户需求，获取的信息如下。

步骤一：通过谈话获取的客户需求

施工方技术人员与客户方技术人员进行交谈，交谈记录如下：

1. 问：该办公室位置在哪？

答：该办公室位于 1 号教学楼 2 楼裙楼位置，办公室门牌号是 1 – 210。

2. 问：请问该办公室是新建办公室吗？办公室内有办公桌吗？办公桌可以移动吗？

答：这间办公室是之前就建好的办公室，已经投入使用很久了，室内有办公桌，办公桌不方便移动。

3. 问：该办公室中原来有安装网络吗？

答：该办公室原来没有安装网络布线，但在办公室入门处预留了两条网线，这两条网线均可连入校园网。

4. 问：安装好的网络主要有什么作用？

答：现在学校为每位老师配置了一台办公计算机，要求每台计算机都能连入校园网中，通过网络完成无纸化办公。

5. 问：该办公室可供多少位老师办公？

答：该办公室共有 12 位老师。

6. 问：该办公室中还有没有其他设备需连入到网络中？

答：该办公室中有一台打印机需连入办公室的局域网中。

7. 问：除上面所说的设备需要连入网络外，需不需要预留信息插座？

答：另外需要多安装 2 个信息插座，以作备用。

8. 问：在施工过程中，可能会改变办公室的一些环境，请问有哪些要求？

答：尽量不要破坏墙体及地板。

9. 问：请问资金预算是多少？关于成本有什么要求？

答：资金预算需要等你们的设计方案出来后才能决定，要求尽量节约成本。

10. 问：请问还有其他什么要求吗？

答：施工完成后须对办公室尾料进行清理，并将破坏的墙体及地面回填，保证办公室美观。

步骤二：通过现场勘察获取的信息

(1)该办公室已有强电布线系统，强电线槽安装在墙壁上方，电源插座安装在办公桌下地面上。

(2)在该办公室入门处预留了两条 10m 的超五类双绞线，这两条超五类双绞线均可连入校园网。

(3)通过观察及测量了解到该办公室周围无强磁场及强电场的干扰。

（4）该办公室地面为大理石，墙面粉刷白色墙漆，墙面四周贴有 15cm 高的瓷砖。

（5）办公室高度为 3.3m，门框高度为 2m。

（6）电脑主机摆放在办公桌下方。

二、需求分析结果

1. 办公室信息点

办公室共需 15 个信息点，信息点类型均为数据信息点。

2. 办公室环境要求

施工时尽量不要破坏墙体及地板。

3. 办公室平面布局及各参数如图 1-3 所示。

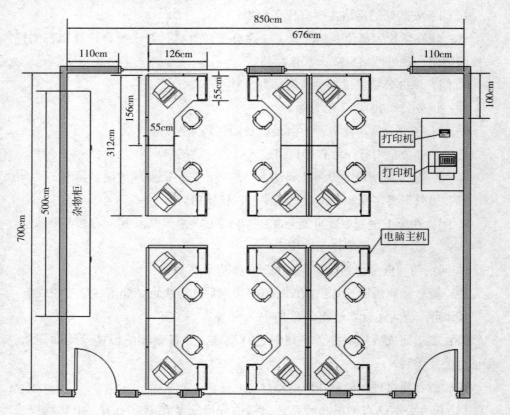

图 1-3　办公室电脑布局图

学习任务三　设计办公室网络综合布线系统

任务描述

完成了办公室网络综合布线的需求分析后，刘经理便安排你与小钱根据需求分析报告设计办公室网络综合布线系统，请你们设计一个合理的办公室网络综合布线方案。

任务分析

办公室网络综合布线系统规模并不大，只有部分网络综合布线系统，在设计时应根据实际情况进行设计，1-210 办公室至少应进行以下设计：

（1）确定办公室网络综合布线系统结构。

（2）确定办公室网络综合布线系统传输介质。

（3）办公室网络综合布线系统工作区子系统设计。

（4）办公室网络综合布线系统配线子系统设计。

（5）办公室网络综合布线系统管理标识设计。

知识准备

一、双绞线

1. 双绞线概述

双绞线（Twisted Pair，TP）电缆是网络综合布线系统工程中最常用的有线通信传输介质。

双绞线是由两根具有绝缘保护层的铜导线互相缠绕而成，每根铜导线的绝缘层上分别涂有不同的颜色，如果把一对或多对双绞线放在一个绝缘套管中便构成了双绞线电缆（简称双绞线）。常用的双绞线封装有 4 对双绞线（如图 1-4 所示为一条 4 对非屏蔽双绞线，图 1-5 为 4 对非屏蔽双绞线截面图），其他还有 25 对、50 对和 100 对等大对数的双绞线电缆，大对数双绞线电缆常用于音频通信的干线子系统中（如图 1-6 所示为 25 对双绞线）。

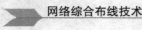

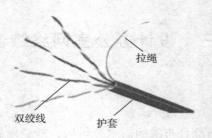

图 1-4 4 对非屏蔽双绞线图

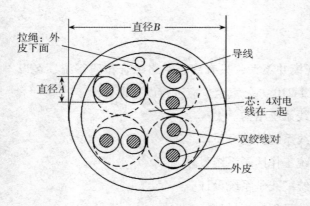

图 1-5 对非屏蔽双绞线截面图

图 1-6 25 对双绞线

在双绞线电缆中，线对按逆时针方向扭绞，不同线对具有不同的扭绞长度。把两根绝缘的铜导线按一定密度互相绞合在一起，可降低信号干扰的程度，每一根导线在传输中辐射出来的电波会被另一根线上发出的电波抵消。一般扭线越密其抗干扰能力就越强。

双绞线较适合于近距离、环境单纯（远离磁场、潮湿等）的局域网络系统。双绞线可用来传输数字和模拟信号。与其他传输介质相比，双绞线电缆在传输距离、信道宽度和数据传输速度等方面均受到一定限制，但价格较为低廉，布线成本较低。

双绞线电缆外皮有非阻燃（CMR）、阻燃（CMP）和低烟无卤（LSZH）三种材料。电缆的护套若含卤素，则不易燃烧（即阻燃），但燃烧过程中所释放的气体毒性大。电缆的护套若不含卤素，则易燃烧（非阻燃），但燃烧过程中所释放的气体毒性小。因此，在设计建筑物网络综合布线系统时，应根据建筑物的防火等级选择阻燃或非阻燃型电缆。

2. 双绞线线对

（1）双绞线线对颜色

双绞线电缆中的每一根绝缘线路都用不同颜色加以区分，这些颜色构成标准的编码，因此很容易识别和正确端接每一根线路。每个线对都有两根导线，其中一根导线的颜色为线对的颜色加一个白色条纹，另一根导线的颜色是白色底色加线对颜色的条纹。

①4 对双绞线颜色编码

计算机网络系统中常用的 4 对电缆有 4 种本色：蓝色、橙色、绿色和棕色，颜色编码如表 1-1 所示。

表 1-1　4 对双绞线电缆颜色编码

线对	颜色编码	简写	线对	颜色编码	简写
线对 1	白/蓝	W/BL	线对 2	白/橙	W/G
	蓝	BL		橙	G
线对 3	白绿	W/O	线对 4	白/棕	W/BR
	绿	O		棕	BR

②25 对双绞线颜色编码

25 线对束 UTP 电缆的每个线对束都有不同的颜色编码，同一束内的每个线对又有不同的颜色编码。25 线对束一般分为 5 组，一组有 5 个线对，这 5 个线对组的颜色如下：

白色：线对 1～5；红色：线对 6～10；

黑色：线对 11～15；黄色：线对 16～20；

紫色：线对 21～25。

在每个组内，5 个线对按照组的颜色和线对的颜色进行编码，一个组的 5 个线对的颜色编码如下：

蓝色：第一个线对；橙色：第二个线对；绿色：第三个线对；棕色：第四个线对；灰色：第五个线对。25 对双绞线电缆颜色编码方案如表 1-2 所示。

表 1-2　25 对双绞线电缆颜色编码方案

线对	颜色编码	线对	颜色编码	线对	颜色编码
线对 1	白/蓝	线对 10	红/灰	线对 19	黄/棕
	蓝/白		灰/红		棕/黄
线对 2	白/橙	线对 11	黑/蓝	线对 20	黄/灰
	橙/白		蓝/黑		灰/黄

线对	颜色编码	线对	颜色编码	线对	颜色编码
线对3	白/绿	线对12	黑/橙	线对21	紫/蓝
	绿/白		橙/黑		蓝/紫
线对4	白/棕	线对13	黑/绿	线对22	紫/橙
	棕/白		绿/黑		橙/紫
线对5	白/灰	线对14	黑/棕	线对23	紫/绿
	灰/白		棕/黑		绿/紫
线对6	红/蓝	线对15	黑/灰	线对24	紫/棕
	蓝/红		灰/黑		棕/紫
线对7	红/橙	线对16	黄/蓝	线对25	紫/灰
	橙/红		蓝/黄		灰/紫
线对8	红/绿	线对17	黄/橙		
	绿/红		橙/黄		
线对9	红/棕	线对18	黄/绿		
	棕/红		绿/黄		

（2）双绞线线对规格

铜电缆的直径通常用 AWG（American Wire Gauge）单位来衡量。AWG 值越小，电线直径越大。直径越大的电线具有更大的物理强度和更小的电阻。表 1-3 为常见的 AWG 尺寸及与其相对应的直径、截面积、每千米的质量。

表 1-3　常见电缆电线规格

AWG	直径/in	标称直径/mm	截面积/mm²	质量/（kg/km）
22	0.0253	0.643	0.3256	2.859
24	0.0201	0.511	0.2047	1.820
26	0.0159	0.404	0.1288	1.145

注：1in＝0.0254m。

双绞线的绝缘铜导线线芯大小有 22、24 和 26 等规格，常用的 5 类和超 5 类非屏蔽双绞线是 24AWG，直径约为 0.51mm。

3. 双绞线的性能分类

根据双绞线电缆性能的不同，可以将双绞线分为 7 类，分别为：1 类、2 类、3 类、4 类、5 类、超 5 类、6 类、7 类双绞线电缆。类是用来区分双绞线电缆等级的术语，不同的等级对双绞线电缆中的导线数目、导线扭绞数量以及能够达到的数据传输速率等具有不同的要求。

不同等级的双绞线电缆的标注方法是这样规定的：如果是标准类型，按 CATx 方式标注，如常用的 5 类线和 6 类线，在线缆的外包皮上标注为 CAT5 和 CAT6；如果是增强版，就按 CATxe 方式标，如超 5 类线就标注为 CAT5e。

（1）1 类双绞线（CAT1）

1 类双绞线主要用于语音传输（一类标准主要用于 20 世纪 80 年代初之前的电话线缆），不同于数据传输。

（2）2 类双绞线（CAT2）

2 类双绞线传输频率为 1MHz，用于语音传输和最高传输速率 4Mbit/s 的数据传输，常见于使用 4Mbit/s 规范令牌传递协议的旧令牌网。

（3）3 类双绞线（CAT3）

3 类双绞线最低级数据级电缆。3 类电缆最高频带带宽为 16MHz，主要应用于语间、10Mbit/s 的以太网和 4Mbit/s 的令牌环网。

（4）4 类双绞线（CAT4）

4 类双绞线的传输频率为 20MHz，用于语音传输和最高传输速率 16Mbit/s 的数据传输，主要用于基于令牌的局域网和 10BASE. T/100BASE. T，未被广泛应用。

（5）5 类双绞线（CAT5）

5 类双绞线增加了绕线密度，外套为一种高质量的绝缘材料，传输率为 100Mbit/s，用于语音传输和最高传输速率为 100Mbit/s 的数据传输，主要用于 100BASE. T 网络。

（6）超 5 类双绞线（CAT5e）

超 5 类双绞线是在对原有 5 类双绞线的部分性能加以改善后的电缆。其近端串扰、远端串扰和回路损耗等性能指标有明显改善，并且超 5 类线的全部 4 个线对都能实现全双工传输，电缆最高频带带宽为 100MHz，支持 100Base. T、1000Base. T 等各种高速网络应用。随着超 5 类双绞线越来越普及，其价格与 5 类双绞线的价格相差无几，是目前市场的主流产品。

（7）6 类双绞线（CAT6）

6 类非屏蔽双绞线各项参数都有较大提高，带宽也扩展至 250MHz，最适用于传输速率高于 1Gbit/s 的应用。6 类双绞线的绞距比超 5 类更密，线对间的相互影响更小。在外形上和结构上与 5 类或超 5 类双绞线都有一定的差别，不仅增加了绝缘的十字骨架，还将双绞线的 4 对线分别置于十字骨架的 4 个凹槽内，而且电缆的直径也更粗。所图 1-7 所示为 6 类双绞线结构图，图 1-8 为 6 类双绞线的截面图。

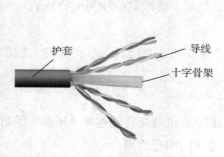

图 1-7　6 类双绞线结构图

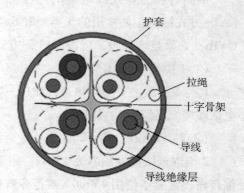

图 1-8　6 类双绞线的截面图

电缆中央的十字骨架随长度的变化而旋转角度，它的作用主要有：将 4 对双绞线卡在骨架的凹槽内，保持 4 对双绞线的相对位置，提高电缆的平衡特性和串音衰减，此外，骨架也可保证在安装过程中电缆的平衡结构不遭到破坏。

6 类双绞线虽然比超 5 类双绞线有较大的提高，但因其价格较为昂贵，其市场占有率与工程使用率都比超 5 类双绞线低。

（8）7 类双绞线（CAT7）

7 类双绞线提供高达 600MHz 的带宽，可能用于今后的 10 吉比特以太网。7 类线缆具有比 6 类线缆更大的直径，通常采用 23AWG 裸铜线。7 类线缆是全屏蔽电缆，除整个电缆拥有屏蔽层以外，每个线对也都分别拥有自己的屏蔽层，极大地减少了线对之间的串音。尽管 7 类产品可以满足新的带宽、接入、存储和速度要求，但是其成本大约是 6 类电缆的 3 倍，因此 7 类双绞线目前还处于市场化的初期。

4. 非屏蔽与屏蔽双绞线

按照绝缘层外部是否拥有金属屏蔽层，将双绞线分为屏蔽双绞线和非屏蔽双绞线。

（1）非屏蔽双绞线

非屏蔽双绞线电缆（Unshielded Twisted Pair，UTP）中没有用来屏蔽双绞线的金属屏蔽层，它在绝缘套管中封装了一对或一对以上的双绞线，每对双绞线按一定密度互相绞在一起，提高了抗系统本身电子噪声和电磁干扰的能力，但不能防止周围的电子干扰。

UTP 电缆是有线通信系统和网络综合布线系统中最普遍的传输介质，具有价格便宜、施工简单等特点，并因其灵活性而被广泛应用于网络布线工程的水平布线和工作区布线。UTP 电缆可以用于传输语音、低速数据、高速数据等。

（2）屏蔽双绞线

因为双绞线传输信息时要向周围辐射，很容易被窃听，并且容易受到外界电磁信号的干扰，所以，要加以屏蔽以减小辐射（但不能完全消除），这样的电缆称为屏蔽双绞线电缆。屏蔽双绞线电缆相对贵一些，安装要比非屏蔽双绞线电缆复杂。

屏蔽系统是为了保证干扰环境下系统的传输性能。抗干扰性能包括两个方面：系统抵御外来电磁干扰的能力和系统本身向外辐射电磁干扰的能力。实现屏蔽的一般方法是在连接硬件的外层包上金属，用以滤除不必要的电磁波。较常见的屏蔽结构为 FTP 及 STP 两种结构。

①FTP 电缆：FTP 采用整体屏蔽结构，在多对双绞线外包裹铝箔，屏蔽层外是电缆护套，如图 1-9 所示。

②STP 电缆：STP 是指电缆中每个线对都有各自的屏蔽层，在每对线对外包裹铝箔后，再在铝箔外包裹铜编织网构成，如图 1-10 所示。该结构不仅可以减少外界的电磁干扰，而且可以有效控制线对之间的综合串音。STP 被应用于电磁干扰非常严重、对数据传输安全性要求很高，或者对网络传输速率要求很高的布线区域。

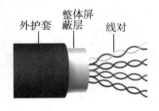

图 1-9　4 对 FTP 电缆结构图

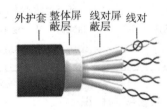

图 1-10　4 对 STP 电缆结构

③使用屏蔽双绞线的要点：我国基本上采用"无屏蔽双绞线 + 光纤"的混合布线方式。

屏蔽系统的屏蔽层不能抵御频率较低的噪声。在低频时，屏蔽系统的噪声一般与非屏蔽系统一样，而且，由于屏蔽式 8 芯插头无统一标准，无现场测试屏蔽是否有效的方法等原因，一般不采用屏蔽双绞线。屏蔽系统还存在以下主要缺陷：

一是接地问题。屏蔽系统的屏蔽层应该接地。只有整个电缆均有屏蔽装置，并且两端正确接地的情况下才起屏蔽作用。事实上，在实际施工时，很难全部接地，如果接地不良(接地电阻过大、接地电位不均衡等)，会产生电势差，从而使屏蔽层本身成为最大的干扰源，甚至导致其性能远不如非屏蔽双绞线 UTP。

二是系统整体性能。屏蔽系统要求整个系统全部是屏蔽器件，包括电缆、插座、水晶头和配线架等。屏蔽系统的整体性取决于系统中最弱的元器件，如跳接面板、连接器信息口、设备等。因此，若屏蔽线安装过程中出现裂缝，则构成了屏蔽系统中最危险的环节。

三是价格问题。STP 系统不仅比 UTP 系统贵一倍以上，而且在整个系统生命周期内又要花费大量资金用于维护，因此，对于普通应用而言实在是得不偿失。所以，除非有特殊需要，通常在网络综合布线系统中只采用非屏蔽双绞线。

(3)非屏蔽双绞线与屏蔽双线的比较(见表1-4)

表1-4　非屏蔽双绞线与屏蔽双绞线的比较

比较内容	UTP	FTP	STP
价格	低	较高	高
安装成本	低	较高	高
抗干扰能力	弱	较强	强
保密性	一般	较好	好小
信号衰减	较大	较小	
适用场所	网络流量不大，设备和线路安装密度不大的场所，如办公环境	网络容量较大，传输距离较远，设备和线流庞大、复杂的场所，如银行、机场、工厂	高保密的高速系统中，如：从事 CAD 的大型企业、军事系统

5. 双绞线的标识

在双绞线护套上印刷有多种标识，了解这些标识，对于正确选择不同类型的双绞线有很大帮助。由于双绞线标识没有统一标准，因此，不同厂商的双绞线标识会有差别。但通常都包括以下信息：双绞线类型、NEC/UL 防火测试和级别、CSA 防火测试、长度标识、生产日期、双绞线的生产商和产品号码。

(1)AVAYA 双绞线标识如下：

AVAYA. C SYSTEIMAX 1061C + 4/24AWG CM VAERIFIEDUL CAT5E 32985FEET10053. 8METERS

其含义为：

AVAYA. CSYSTEIMAX 双绞线的生产商为 AVAYA；

1061C＋：双绞线的产品号；

4/24AWG：双绞线由 4 对 24AWG 的线对构成。

CM：CM 通信通用电缆。CM 是 NEC（National Electric Code，美国国家电气规程）中防火耐烟等级中的一种。

VAERIFIEDUL：双绞线满足 UL（Underwriters Laboratories，保险业者实验室）的标准要求。UL 成立于 1984 年，是一家非盈利的独立组织，致力于产品的安全性测试和认证。

CAT5E：通过 UL 测试，达到超 5 类标准，即增超 5 类双绞线（Enhanced-Cat5，简称 5E）。

32985FEET10053.8METERS：生产这条双绞线时的长度点。若欲确认一箱双绞线的长度，只需将头部和尾部的长度标记相减即可。同样，在确定水平布线或跳线长度时，也可借助该长度点计算。1FT（FEET）＝0.3048m（METER）。

（2）AMP 双绞线标识如下：

AMP NETCONNECT ENHANCED CATEGORY 5 CABLE E138034 1300 24AWGUL CMR/MPR OR CUL CMG/MPG VERIFIEDUL CAT 5 1568791FT 0515

其含义为：

AMP NETCONNECT：双绞线的生产商为 AMP；

ENHANCED CATEGORY 5 CABLE：也表示该双绞线属于超 5 类；

E138034 1300：代表其产品号；

CMR/MPR、CMG/MPG：表示该双绞线的类型；

CUL：表示双绞线同时还符合加拿大的标准；

1568791FT：双绞线的长度点，FT 为英尺缩写；

0515：指的是制造厂的生产日期，这里是 2005 年第 15 周。

6. 真假双绞线的辨别

双绞线是网络综合布线工程中使用最多的产品，最容易出现质量问题，目前市场上的双绞线产品良莠不齐，甚至还有许多假冒伪劣产品，下面对双绞线的检查方面进行详细论述，双绞线的检查方法可以从以下几个方面进行。

（1）外观检查

①查看标识文字。电缆的塑料包皮上都印有生产厂商、产品型号规格、认证、长度、生产日期等文字，正品印刷的文字非常清晰、圆滑，基本上没有锯齿状。假货的字迹印刷质量较差，有的字体不清晰，有的呈严重锯齿状。

②查看线对色标。线对中白色的那条不应是纯白色，而是带有与之成对的

那条芯线的花白，这主要是为了方便用户使用时区别线对。而假货通常是纯白色或者是花色不明显。

③查看线对绕线密度。双绞线的每对都是绞合在一起，正品线缆绕线密度适中均匀，方向是逆时针，且各线对绕线密度不一。次品和假货通常绕线密度很小且四对线的绕线密度可能一样，方向也可能会是顺时针，这样的制作工艺容易且节省材料，减少了生产成本，所以次品和假货价格非常便宜。

④用手感觉。双绞线电缆使用铜线做导线芯，线缆质地比较软，方便施工中的小角度弯曲，而一些不法厂商在生产时为了降低成本，在铜中添加了其他的金属元素，做出来的导线比较硬，不易弯曲，使用中容易产生断线。

⑤用火烧。将双绞线放在高温环境中测试一下，看看在35℃到40℃时，双绞线塑料包皮会不会变软。正品双绞线是不会变软的，假的就不一定了。如果订购的是 LSOH 材料（低烟无卤型）和 LSHF. FR 材料（低烟无卤阻燃型）的双绞线，在燃烧过程中，正品双绞线释放的烟雾低，LSHF. FR 型还会阻燃，并且有毒卤素也低。而次品和假货可能烟雾大，不具有阻燃性，不符合安全标准。

（2）抽测线缆的性能指标

双绞线一般以305m 为单位包装成箱，也有按1500m 长来包装成线轴的。最好的性能抽测方法，是用 FLUKE4XXX 系列认证测试仪配上整轴线缆测试适配器。整轴线缆测试适配器是 FLUKE 公司推出的线轴电缆测试解决方案，可以让你在对线轴中的电缆被截断和端接之前对它的质量进行评估测试。找到露在线轴外边的电缆头，剥去电缆的外皮3～5cm，剥去每条导线的绝缘层约3mm，然后将其一个个地插入到特殊测试适配器的插孔中，启动测试。只需数秒钟，测试仪就可以给出线轴电缆关键参数的详细评估结果。如果没有以上条件，也可随机抽几箱线，从每箱中截出90m 测试电气性能指标，从而比较准确地测试双绞线的质量。

（3）与已知真品对比

在可能的情况下，找一箱或一条同型号的双绞线进行对比，真假产品一目了然。

二、双绞线连接器件

1. 配线架

配线架是电缆或光缆进行端接和连接的装置，在配线架上可进行互连或交接操作。建筑群配线架是端接建筑群干线电缆、光缆的连接装置。建筑物配线架是端接建筑物干线电缆、干线光缆并可连接建筑群干线电缆、干线光缆的连接装置。楼层配线架是端接水平电缆、水平光缆与其他布线子系统或设备相连接的装置。

双绞线配线架可分为110型配线架和模块式快速配线架。

（1）110型配线架

20世纪80年代末，网络综合布线系统刚进入中国，当时信息传输速率很低，布线系统只有三类（16MHz）产品，配线系统主要采用110鱼骨架式配线架，主要分为50对、100对、300对、900对壁挂式等，而且从主设备间的主配线架到各分配线间的分配线架，无论连接主干还是连接水平线缆，全部采用此种配线架。110鱼骨架式配线架的优点是体积小、密度高、价格便宜，主要与25/50/100对大对数线缆配套使用；其缺点是线缆端接较麻烦，一次性端接不宜更改，无屏蔽产品，端接工具较昂贵，维护管理、升级不方便。

110型连接系统基本部件是配线架（如图1-11所示）、连接块（如图1-12所示）、跳线和标签。110型配线架主要有五种端接硬件类型：110A型、110P型、110JP型、110VP型和XLBET超大型。

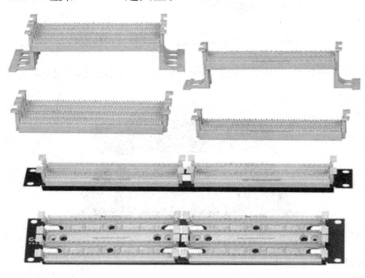

图1-11 110型配线架

（2）模块式快速配线架

模块化快速架又称为快接式（插拔式）配线架、机柜式配线架，是一种19英寸*的模块式嵌座配线架。它通过背部的卡线连接水平或垂直干线，并通过前面的RJ-45水晶头将工作区终端连接到网络设备。

---

*1英寸=0.0254米。

图 1-12　110 型配线架连接块

按安装方式，模块式配线架有壁挂式和机架式两种。常用的配线架，通常在 1U 或 2U 的空间可以提供 24 个或 48 个标准的 RJ-45 接口，如图 1-13 所示。

图 1-13　24 口和 48 口模块式快速配线架

在屏蔽布线系统中，应当选用屏蔽双绞线配线架，如图 1-14 所示，以确保屏蔽系统的完整性。

图 1-14　屏蔽双绞线配线架

2. RJ 连接头

RJ 连接头用于双绞线的端接，实现与配线架、信息插座、网卡或其他网络设备的连接，RJ 连接器俗称水晶头。常见的 RJ 连接头有 RJ-11 型和 RJ-45 型连接头。RJ-11 型常用于语音连接，电话线的插头使用的就是 RJ-11 连接头。RJ-45 接口通常用于数据传输。根据双绞线的类型，有 5 类、超 5 类、6 类 RJ-45 连接头；根据屏蔽与非屏蔽布线系统，有非屏蔽 RJ-45 连接头（如图 1-15 所示）和屏蔽 RJ-45 连接头（如图 1-16 所示）。

图 1-15　非屏蔽 RJ-45 连接头

图 1-16　屏蔽 RJ-45 连接头

3. 信息模块

信息模块用于端接线缆连接头，不同的连接头对应着不同类型的信息模块，如 RJ-45 连接头对应着 RJ-45 信息模块。RJ-45 信息模块除了安装到信息插座外，还可以以模块化安装到配线架中。

当 RJ-45 连接头插入 RJ-45 信息模块后，连接头的触点与信息模块的 8 根具有弹性针状金属片连接，并通过连接头的弹片装置与信息插孔卡紧。

RJ-45 信息模块的类型是与双绞线电缆的类型相对应的，比如根据其对应的双绞线电缆的等级，RJ-45 信息模块可以分为 3 类、5 类、5e 类和 6 类 RJ-45 信息模块等。根据屏蔽与非屏蔽布线系统，RJ-45 信息模块也分为非屏蔽模块（如图 1-17 所示）和屏蔽模块（如图 1-18 所示）。根据打线方式可分为打线式信息模块和免打式信息模块（如图 1-19 所示）。

图 1-17　非屏蔽模块

图 1-18　屏蔽模块

图 1-19　免打式信息模块

4．信息插座

信息插座的外形类似于电源插座，和电源插座一样也是固定于墙壁或地面，其作用是为计算机等终端设备提供一个网络接口。通过双绞线跳线或光纤跳线即可将计算机通过信息插座连接到网络综合布线系统，从而接入到网络中。

信息插座通常由信息模块、面板和底盒三部分组成。信息模块是信息插座的核心，双绞线电缆与信息插座的连接实际上是与信息模块的连接。不同的面板和底盒决定着信息插座所适用的安装环境。信息插座的结构如图1-20所示。

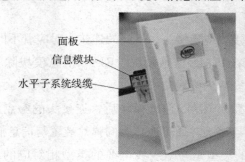

面板———

信息模块

水平子系统线缆

图1-20　信息插座的结构图

（1）信息插座的面板

信息插座的面板用于在信息出口位置安装固定信息模块。插座面板常见的有单口、双口型号（图1-21）。面板一般为平面插口，斜口插口的面板（图1-22）也较为常见。

图1-21　双口信息插座面板图

图1-22　斜口插口面板

面板分为固定式面板和模块化面板。固定式面板的信息模块与面板合为一体，无法去掉某个信息模块。模块化面板是预留了多个插孔位置的通用面板，面板和信息模块可以分开购买。目前在网络综合布线工程中主要使用模块化面板。

（2）信息插座底盒

信息插座底盒一般为塑料和金属材质，一个底盒安装一个面板，且底盒的大小必须与面板制式相匹配。信息插座有明装和暗装两种，明装是把底盒直接安装在墙上，暗装是将底盒预埋在墙体内。底盒内有供固定面板用的螺孔，并配有将面板固定在底盒上的螺丝。底盒都预留了穿线孔，有的底盒穿线孔是通的，有的底盒在多个方位预留有穿线位，安装时凿穿与线管对接的穿线位即可。如图 1-23 所示为信息插座的底盒。

图 1-23　插座的底盒

（3）信息插座的种类

信息插座根据其所采用信息模块的类型以及面板和底盒的结构不同有很多种分类方法。在网络综合布线中，通常是根据安装位置的不同，把信息插座分成墙面型、桌面型和地面型等，如图 1-24 所示。

桌面型

桌面型

地面型

图 1-24　桌面型和地面型信息插座

三、网络综合布线器材

1. 线管

网络综合布线工程中，配线子系统、垂直主干布线子系统和建筑群主干布线子系统的施工材料除线缆材料外，最重要的就是管槽和桥架。布线子系统首先要设计布线路由，安装好管槽系统，不论是明敷或暗敷，管槽系统中使用的材料包括线管材料、槽道（桥架）材料和防火材料。线管材料有钢管、塑料管和室外用的混凝土管及高密度乙烯材料（HDPE）制成的双壁波纹管等。

（1）钢管

钢管具有机械强度高、密封性能好、抗弯、抗压和抗拉能力强等特点，尤其是有屏蔽电磁干扰的作用，管材可根据现场需要任意截锯拗弯，安装施工方便。但它存在管材重、价格高且易锈蚀等缺点，所以在网络综合布线中的一些特别场合需要用塑料管来代替。

钢管按照制造方法不同可分为无缝钢管和焊接钢管两大类。按壁厚不同分为普通钢管（水压实验压力为 2.5MPa）、加厚钢管（水压实验压力为 3MPa）和薄壁钢管（水压实验为 2MPa）。金属管还有一种是软管（俗称蛇皮管），供弯曲的地方使用。在金属管内穿线比线槽布线难度更大一些，在选择金属管时要注意管径选择大一点，一般管内填充物占 30% 左右，以便于穿线。

（2）塑料管

塑料管是由树脂、稳定剂、润滑剂及添加剂配制挤塑成型。目前用于电信线缆护套管的主要有以下产品：聚氯乙烯管材（PVC.U 管）、高密聚乙烯管材（HDPE 管）、双壁波纹管、子管、铝塑复合管、硅芯管和混凝土管等。网络综合布线系统中通常采用的是软、硬聚氯乙烯管，且是内、外壁光滑的实壁塑料管。室外的建筑群主干布线子系统采用地下通信电缆管道时，其管材除主要选用混凝土管（又称水泥管）外，目前较多采用的是内、外壁光滑的软、硬质聚氯乙烯实壁塑料管（PVC.U）和内壁光滑、外壁波纹的高密度聚乙烯管（HDPE）双壁波纹管，有时也采用高密度聚乙烯（HDPE）的硅芯管。由于软、硬质聚氯乙烯管具有阻燃性能，对网络综合布线系统防火极为有利。此外，在有些软聚氯乙烯实壁塑料管使用场合中，有时也采用低密度聚乙烯光壁（LDPE）子管。如图 1-25 所示为 U.PVC 管及管件，如图 1-26 所示为方便检修的连接管件。

图 1-25　U.PVC 管及管件

带检曲尺　　　　带检双叉　　　　带检三叉　　　　带检四叉

图 1-26　方便检修的 PVC 连接管件

2. 线槽

线槽有金属线槽和 PVC 塑料线槽，金属线槽在槽式桥架中详细介绍。塑料线槽是网络综合布线工程明敷管槽时广泛使用的一种材料，它是一种带盖板封闭式的管槽材料，盖板和槽体通过卡槽合紧。PVC 线槽和连接件见图 1-27 和图 1-28 所示，但 PVC 线槽的品种规格更多，从型号上有：PVC.20 系列、

PVC.25 系列、PVC.30 系列、PVC.40 系列、PVC.60 系列等。从规格上有：20
×12、24×14、25×12.5、25×25、30×15、40×20 等。与 PVC 线槽配套的连
接件有：阳角、阴角、直转角、平三通、左三通、右三通、连接头、终端头等。

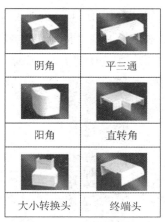

阴角	平三通
阳角	直转角
大小转换头	终端头

图 1-27　PVC 线槽　　　　　　　　　图 1-28　PVC 线槽连接件

3. 线槽尺寸选择与计算

线槽的高(h)和宽(b)之比一般为 1:2，也有一些型号不按比例。各型号线
槽标准长度为 2m/根。线槽越大，装载的电缆越多，因此要求线槽截面积越大，
线槽越厚。有特殊需求时，还可向厂家，定购特型线槽。

选线槽时，应根据在线槽中敷设线缆的种类和数量来计算线槽的大小。线
槽计算公式如下：

$$线槽截面积 = (n × 线缆截面积)/[70\% × (40\% × 50\%)]$$

式中，n 为线缆根数。

4. 机柜

标准机柜广泛应用于网络综合布线配线产品、计算机网络设备、通信器材、
电子设备的叠放。机柜具有增强电磁屏蔽、削弱设备工作噪音、减少设备地面
面积占用的优点。对于一些高档机柜，还具备空气过滤功能，提高精密设备工
作环境质量。很多工程级设备的面板宽度都采用 19 英寸，所以 19 英寸的机柜
是一种最常见的标准机柜。19 英寸标准机柜的种类和样式非常多，用户选购机
柜要根据安装堆放器材的具体情况和预算综合选择合适的产品。

标准机柜的结构比较简单，主要包括基本框架、内部支撑系统、布线系统
和通风系统。标准机柜根据组装形式和材料选用的不同，可以分成很多性能和

价格档次。19 英寸标准机柜外形标有宽度、高度、深度 3 个常规指标。机柜的高度通常用"U"作为计量单位，1U 就是 4.445cm，机架上有固定服务器的螺孔，它与服务器的螺孔大小一致，再用螺钉加以固定好，以方便安装每一部服务器。24 口配线架高度为 1U，普通型 24 口交换机的高度一般也为 1U。

根据外形可将机柜分为立式机柜（图 1-29 所示）、挂墙式机柜（图 1-30 所示）和开放式机架（图 1-31 所示）三种。

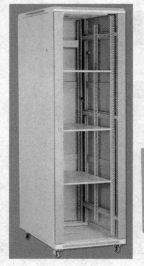  

图 1-29　立式机柜　　　图 1-30　挂墙式机柜　　　图 1-31　开放式机架

立式机柜主要用于设备间。挂墙式机柜主要用于没有独立房间的楼层配线间。与机柜相比，开放式机架具有价格便宜、管理操作方便、搬动简单的优点。机架一般为敞开式结构，不像机柜采用全封闭或半封闭结构，所以不具备增强电磁屏蔽、削弱设备工作噪音等特性，同时在空气洁净程度较差的环境中，设备表面更容易积灰。机架主要适合一些要求不高和要经常性对设备进行操作管理的场所，用它来叠放设备减少了占地面积。目前各高校建立的网络技术实验/实训室和网络综合布线实验/实训室大多采用开放式机架，这样既方便了学生实验操作又减少了空间占用。

四、工作区子系统设计

1. 工作区子系统概述

工作区是指办公室、写字间、工作间、机房等需要电话和计算机等终端设施的区域，常见的终端设备有计算机、电话机、仪器仪表、传感器和各种各样的信息接收机。工作区子系统由终端设备及其连接到信息插座的跳接线或软线等组成，它包括信息插座、用户终端和连接其所需要的跳线，如图1-32所示。

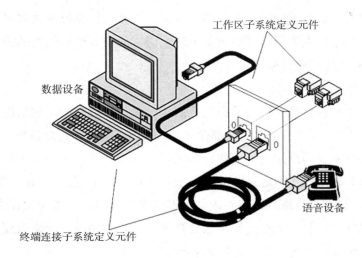

图1-32　工作区子系统

2. 工作区子系统面积

目前建筑物的功能类型较多，大体上可以分为商业、文化、媒体、体育、医院、学校、交通、住宅、通用工业等类型，因此，对工作区面积的划分应根据应用的场地做具体的分析后确定，工作区面积需求可参照表1-5所示内容。表1-5对工作区面积做了一些统计，仅供设计者参考。

表1-5　工作区面积划分表

建筑物类型及功能	工作区面积（m^2）
网管中心、呼叫中心、信息中心等终端设备较为密集的场地	3～5
办公区	5～10
会议、会展	10～60
商场、生产机房、娱乐场所	20～60
体育场馆、候机室、公共设施区	20～100
工业生产区	60～200

注：①对于应用场合，如终端设备的安装位置和数量无法确定时或彻底为大客户租用并考虑自设置计算机网络时，工作区面积可按区域（租用场地）面积确定。

②对于数据通信托管业务机房或数据中心机房（IDC机房）可按生产机房每个配线架的设置区域考虑工作区面积。对于此类项目，涉及数据通信设备的安装工程，应单独考虑实施方案。

3. 工作区子系统的规模

（1）信息点的类型

信息插座必须具有开放性，即能兼容多种系统的设备连接要求。一般来说，信息点的类型应该与终端设备及线缆相匹配，设备与信息插座之间可直接用跳线连接。但当信息点类型与终端设备不匹配时，就需要选择适当的适配器或平衡/非平衡转换器进行转换。

（2）信息点的数量

每一个工作区信息点数量的确定范围比较大，从现有的工程情况分析，从设置 1 个至 10 个信息点的可能性都存在，并预留了电缆和光缆备份的信息插座模块。因为建筑物用户性质不一样，功能要求和实际需求不一样，信息点数量不能仅按办公楼的模式确定，尤其是对于专用建筑（如电信、金融、体育场馆、博物馆等建筑）及计算机网络存在内、外网等多个网络时，更应加强需求分析，做出合理的配置。每个工作区信息点数量可按用户的性质、网络构成和需求来确定。表 1-6 做了一些分类，仅供设计者参考。

表 1-6　信息点数量配置

建筑物功能区	信息点数量（每一工作区）			备注
	电话	数据	光纤（双工端口）	
办公区（一般）	1 个	1 个		
办公区（重要）	1 个	2 个	1 个	对数据信息有较大需求
出租或大客户区域	2 个或 2 个以上	2 个或 2 个以上	1 或 1 个以上	指整个区域的配置量
办公区（业务工程）	2~5 个	2~5 个	1 或 1 个以上	涉及内、外网络时

注：大客户区域也可以为公共设施的场地，如商场、会议中心、会展中心等。

4. 信息插座安装要求

信息插座分为嵌入式和表面安装式两种。用户可根据实际需要选用不同的安装方式以满足不同的需要。通常情况下，新建建筑物采用嵌入式安装信息插座，现成的建筑物则采用表面安装式的信息插座。另外，还有固定式地板插座、活动式地板插座，这些还得考虑插座盒的机械特性（比如机械强度、抗震强度等）。

（1）工作区信息插座盒体安装要求

①信息插座与计算机终端设备的距离保持在 5m 内。

②每一个工作区信息插座（光、电）数量不宜少于 2 个，并满足各种业务的需求。

③底盒数量应根据插座盒面板设置的开口数确定，每一个底盒支持安装的信息点数量不宜大于2个。

④光纤信息插座模块安装的底盒大小应充分考虑到水平光缆（2芯或4芯）终接处的光缆盘预留空间和满足光缆对弯曲半径的要求。

⑤工作区的信息插座模块应支持不同的终端设备接入，每一个8位模块通用插座应连接1根4对双绞线电缆，每一个双工或两个单工光纤连接器件及适配器连接1根2芯光缆。

⑥安装在地面上的信息插座应采用防尘、防水和抗压的结构，以防灰尘、潮气或水分进入连接硬件内部，同时要求具有一定的抗压和机械强度，保证设备能正常运行。

⑦安装在房间内墙壁或柱子上的信息插座、多用户信息插座或集合点配线模块装置，其底部离地面的高度宜为300mm（如图1-33所示），以便维护和使用。如有高架活动地板时，其离地面高度应以地板上表面计算高度，距离也为300mm。

⑧每1个工作区至少应配置1个220V三孔交流电源插座。工作区的电源插座应选用带保护接地的电源插座，保护接地与零线应严格分开。

⑨信息插座与其旁边的电源插座应保持200mm的距离，如图1-33所示。

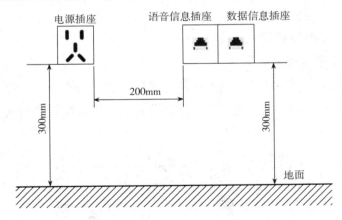

图1-33　信息插座安装距离

（2）跳接要求

①工作区内线缆线路、管槽要布放得科学合理、美观，便于日后的维护。

②工作区连接信息插座和计算机间的跳接应小于5m。

③跳接线可订购也可现场压接。

5. 工作区子系统材料核算

确定了工作区应安装的信息点数量后，工作区子系统所需材料数量就容易确定了。其中，信息模块的数量应与信息点的数量一致；水晶头的数量为信息点数量的 2 倍；双绞线的长度根据实际需要确定，通常情况下可用其他子系统线缆敷设完成后留下的双绞线制作；信息插座分为底盒和面板，其数量可由以下两种情况确定：如果工作区配置单孔信息插座，那么信息插座数量应与信息点的数量相当，如果工作区配置双孔信息插座，那么信息插座数量应为信息点数量的一半。

信息模块需求量计算公式如下：

$$M = N + N \times 3\%$$

式中　M——信息模块的需求量；

　　　　N——信息点的数量；

$N \times 3\%$——富余量。

水晶头需求量计算公式如下：

$$M = N \times 2 + N \times 2 \times 5\%$$

式中　　M——水晶头的需求量；

　　　　N——信息点的数量；

$N \times 2 \times 5\%$——富余量。

五、配线子系统设计

1. 配线子系统概述

配线子系统是网络综合布线系统结构的一部分，具有面广、点多、线长的特点。在国外标准中，又常把配线子系统分为水平子系统与管理间子系统。如图 1-34 所示。

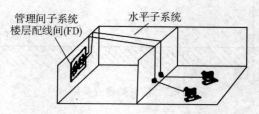

图 1-34　配线子系统结构图

配线子系统从工作区的信息点延伸到楼层配线间的管理子系统，由工作区的信息点、信息点至楼层配线设备(FD)的水平线缆、楼层配线设备、设备线缆和跳线等组成。

配线子系统的设计涉及配线子系统的网络拓扑结构、布线路由、管槽设计、线缆类型选择、线缆长度确定、线缆布放、设备配置等内容。配线子系统往往需要敷设大量的线缆，因此，如何配合建筑物装修进行水平布线，以及布线后如何更为方便地进行线缆的维护工作，也是设计过程中应注意考虑的问题。

2. 水平线缆的布线距离要求

水平子系统各缆线长度应符合图1-35所示的划分，并应符合下列要求：

①水平子系统中水平线缆长度不大于90m。

②工作区设备缆线、管理间配线设备的跳线和设备缆线之和不应大于10m；当大于10m时，水平线缆长度(90m)应适当减少。

③楼层配线设备(FD)跳线、设备缆线及工作区设备缆线各自的长度不应大于5m。

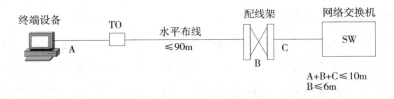

图1-35 水平线缆的布线距离

3. 配线子系统的网络结构设计

常见的配线子系统的网络结构为星型结构，它是以楼层配线间(FD)配线架为中心结点，各工作区信息插座为分节点，二者之间采取独立的线路相互连接，即每个信息插座到管理间配线架都有一条专有线缆，如图1-36所示。

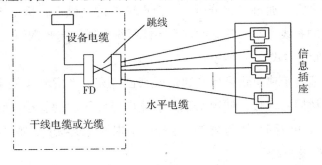

图1-36 星形结构

对于大开间、大密度或重新组合较频繁的办公区域，可以考虑集合点结构的网络方案。如图1-37所示，集合点是配线子系统中的一个连接点，它用两条或多条线缆将管理间配线架与集合点的网络设备连接起来，再以集合点网络设备为中心节点，建立一个星形网络结构，将水平线缆连接至各工作区的信息插座上。采用集合结构一方面可以合理地减少水平子系统线缆的数量，获得各种效益；另一方面工作区的信息插座可以随着大开间办工区域重组而相应的改变地点，具有较高的灵活性。

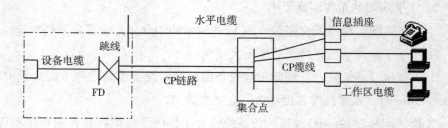

图 1-37　集合点结构

4. 配线子系统线路设计

管槽系统是水平子系统中不可缺少的一部分。对于新建建筑物，要求管槽系统与建筑设计施工同步进行，对于老建筑物，应充分考虑到已有的管槽及其他线路系统来进行管槽系统的设计。因此，设计水平子系统的线路时，应根据建筑物的使用用途及其结构特点，从路由的距离、造价的高低、施工的难易度、结构上的美观、与其他管线的交叉和间距以及布线的规范化和扩充简便等各方面加以考虑。在具体的建筑物中，在设计网络综合布线时，往往会存在一些矛盾，考虑了布线规范，却影响了建筑物的美观，考虑了路由长短却增加了施工难度，所以，设计水平子系统必须折中考虑，对于结构复杂的建筑物，一般都设计多套线路方案，通过对比分析，在全面分析的基础上，折中选择出最切合实际而又合理的布线方案。常见的水平布线系统有明敷与暗敷两大类。

（1）暗敷布线方式

这种方式适合于建筑物设计与建造时就已经充分考虑到布线系统，在敷设线缆时可利用楼层的地板、楼顶吊顶、墙体内已经预埋的管槽布线，布线完成后，基本不会直接看到管槽与线缆，这样就实现的建筑物的美观。

（2）明敷布线方式

明敷布线方式主要用于既没有天花板吊顶又没有预埋管槽的建筑物的网络综合布线系统，适用于已建的建筑物。在现有建筑物中选用和设计新的缆线敷设方法时，必须注意不应损害原有建筑物的结构强度和影响建筑物内部布局风格。

①走廊槽式桥架。走廊槽式桥架是指将线槽用吊杆或拖臂架设在走廊的上方，如图 1-38 所示。线槽一般采用镀锌或镀彩两种金属线槽，镀锌线槽相对较便宜，镀彩线槽抗氧化性能好。线槽规格有多种。当线缆较少时也可采用高强度 PVC 线槽。槽式桥架方式设计施工方便，最大的缺陷是线槽明敷，影响建筑物的美观。

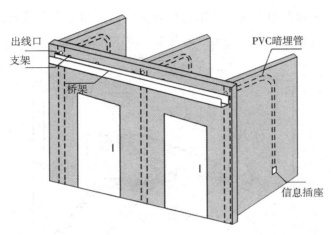

图 1-38　走廊槽式桥架

②墙面线槽方式。墙面线槽方式适用于既没有天花板吊顶又没有预埋槽管的已建建筑物的水平布线，如图 1-39 所示。墙面线槽的规格有 20mm × 10mm、40mm × 20mm、60mm × 30mm、100mm × 30mm 等型号，根据线缆的多少选择合适的线槽，主要用在房间内布线，当楼层信息点较少时也用于走廊布线，和走

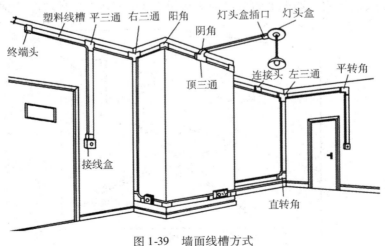

图 1-39　墙面线槽方式

廊槽式桥架方式一样，墙面线槽设计施工方便，但线槽明敷，影响建筑物的美观。

③护壁板管道布线法。护壁板管道是一个沿建筑物墙壁护壁板或踢脚板以及木墙裙内敷设的金属或塑料管道，如图1-40所示。这种布线结构便于直接布放电缆。通常用在墙壁上装有较多信息插座的楼层区域。电缆管道的前面盖板是可活动的，插座可装在沿管道附近位置上。当选用金属管道时，电力电缆和通信电缆由连接接地的金属隔板隔离开来，防止电磁干扰。

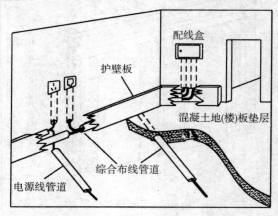

图1-40　护壁板管道布线法

④ 地面导管布线法。采用这种布线方式时，地板上的胶皮或金属导管可用来保护沿地板表面敷设的裸露电缆，如图1-41所示。在这种方式中，电缆穿放在这些导管内，导管又固定在地板上，而盖板紧固在导管基座上。信息插座一般以墙上安装为主，地板上的信息插座应设在不影响活动的地方。地板上导管

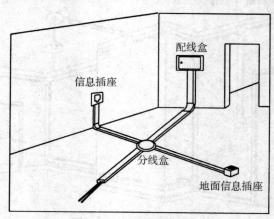

图1-41　地面导管布线法

布线法具有快速和容易安装的优点，适于通行量不大的区域（如各个办公室等）和非通道的场合（如靠墙壁的区域），工程费用较低。一般不要在过道上、主楼层区使用这种布线方式。

5. 水平子系统的线缆核算

（1）电缆长度估算要点

①确认离楼层管理间距离最远的信息插座位置。

②确认离楼层管理间距离最近的信息插座位置。

③用平均电缆长度估算每根电缆长度。

④平均电缆长度 =（（信息插座至管理间的最远距离 + 信息插座至管理间的最近距离）/2）。

⑤总电缆长度 = 平均电缆长度 + 备用部分（平均电缆长度10%）+ 端接容差6m（变量）。

（2）每个楼层用线量（m）的计算公式如下：

$$C = [0.55(L + S) + 6] \times n$$

式中　C——每个楼层的用线量；

　　　L——服务区域内信息插座至配线间的最远距离；

　　　S——服务区域内信息插座至配线间的最近距离；

　　　n——每层楼的信息插座的数量。

整栋楼的用线量：$W = M \times C$（M 为楼层数）。

电缆订购数：按 4 对双绞电缆包装标准 1 箱线长 = 305m，

电缆订购数 = $W \div 305$ 箱（不够一箱时按一箱计）

6. 楼层配线间的连接方式

（1）直接连接

直接连接指的是水平线缆不通过配线架与网络设备连接，而是在水平线缆的末端压制水晶头，然后直接连接至网络设备上。这种方法虽然可以降低施工难度，节约部分成本，但不利于交接管理，对将来的维护和线路重组带来较大的困难。除非用户有要求，一般情况下楼层配线间不采用这种连接方式。

（2）互相连接

互相连接是指水平线缆一端连接至工作区的信息插座，另一端连接至管理间的配线架上，配线架和网络设备通过跳线进行连接，通过跳线管理通信线路的方式，如图 1-42 所示。采用这种连接方式，既达到了管理线路的目的，又降低了工程造价，同时还提高了通路的整体传输性能。

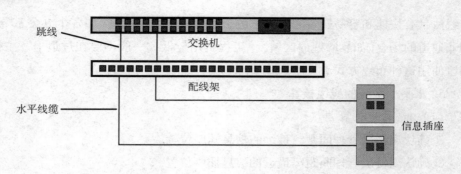

图 1-42　互相连接

（3）交叉连接

交叉连接是指在水平链路中安装两个配线架。其中，水平线缆一端连接至工作区的信息插座，一端连接至管理间的配线架，网络设备通过接插软线连接至另一个线架，然后，通过多条跳线将两个配线架连接起来，从而实现对网络用户的管理，如图 1-43 所示。用户如果想对线路进行变更，只需进行简单的跳线，便可完成任务。

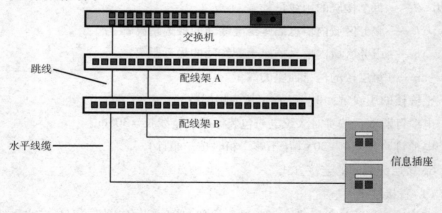

图 1-43　交叉连接

交叉连接又可划分为单点管理单交连、单点管理双交连和双点管理双交连3 种方式。

①单点管理单交连。单点管理系统只有一个管理单元，负责各信息点的管理，如图 1-44 所示。单点管理单交连在整幢大楼内只设一个设备间作为交叉连接区，楼内信息点均直接点对点的与设备间连接，适合于楼层低，信息点数少的布线系统。

②单点管理双交连。单点管理位于设备间中的交换设备或互连设备附近（进

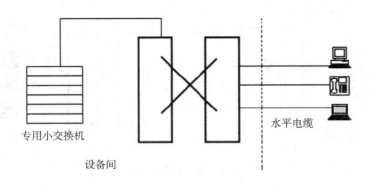

图 1-44 单点管理单交连

行跳线管理），并在每个楼层设置一个接线区作为互连区，如图 1-45 所示。如果没有配线间，互连区可以放在用户间的墙壁上。该方式称为单点管理双交连方式，其优点是易于布线施工，适合于楼层高、信息点较多的场所。

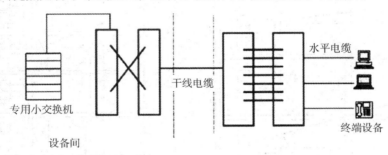

图 1-45 单点管理双交连

③双点管理双交连。双点管理系统在整幢大楼设有一个设备间，在各楼层还分别设有管理子系统，负责该楼层信息节点的管理，各楼层的管理子系统均采用主干线缆与设备间进行连接，如图 1-46 所示。由于每个信息点有两个可管理的单元，因此这种连接方式被称为双点管理双交连，适合楼层高、信息点数较多的布线环境。双点管理双交连方式布线，使用户在交连场改变线路非常简单。

7. 楼层配线间的设计要点

（1）楼层配线间的规模

管理间的规模应按所服务的楼层范围及工作区面积来确定。如果该层信息点数量不大于 400 个，水平线缆长度在 90m 范围以内，宜设置一个管理间，如图 1-47 所示；当超出这一范围时宜设两个或多个管理间；每层的信息点数量数较少，且水平线缆长度不大于 90m 的情况下，宜几个楼层合设一个管理间，如

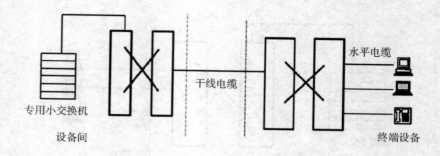

图 1-46　双点管理双交连

图 1-48 所示；对于低矮建筑与信息点较少的建筑而言，可考虑将楼层配线间、干线子系统整合在设备间子系统中，在楼层中不设置楼层配线间。

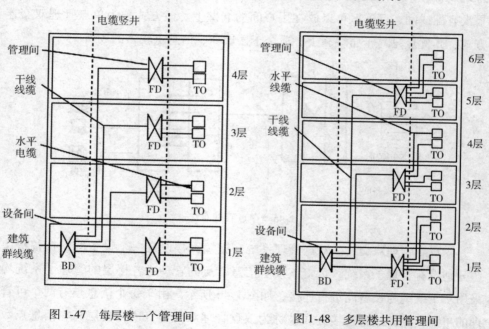

图 1-47　每层楼一个管理间　　　　图 1-48　多层楼共用管理间

（2）楼层配线间的位置

在选择楼层配线间的位置时，应满足以下要求：

①确定管理间位置时应充分考虑到工作区子系统中每个信息插座到管理间的水平布线距离，水平线缆长度不应大于 90m，如果大于 90m 则应考虑选用光纤或设置第二个管理间。

②管理间应尽量靠近干线子系统，如果干线子系统敷设在配线间的弱电井中，且配线间的照明、面积及其他环境要求符合规定时，可考虑将管理间设置

在配线间中。

③如果管理间采用壁挂式机柜，应将机柜安装到离地面至少 2.55m 的高度。如果信息点较多，则应该考虑用一个房间作为管理间，放置各种设备。

（3）楼层配线间所需的设备

①交换机。交换机是网络节点上话务承载装置、交换级、控制和信令设备以及其他功能单元的集合体。交换机能把用户线路、电信电路和（或）其他要互连的功能单元根据单个用户的请求连接起来。

②配线架。无论是干线子系统还是水平子系统的线缆进入管理间时，都要先连接在各自的配线架上，再经跳线由配线架连接至网络设备上。配线架的类型应当与线缆类型一致，非屏蔽线缆则应选用非屏蔽的配线架，屏蔽线缆则应选用屏蔽配线架；5 类、超 5 类、6 类双绞线应选择 RJ-45 端口的配线架，音频系统考虑选择 110 型配线架，光纤系统则应选择光纤配线架。

无论选用哪种配线架，都应该根据信息点的数量选择合适数量端口的配线架，并预留 10%～20% 的端口数量以作备用。

③理线架。理线架的作用一方面可以整理线缆，既方便日后的维护管理也较为美观；另一方面理线架也可以固定线缆，减小跳线在端口处受到的拉力，降低跳线松动的机率。理线架可根据需要进行架设，通常情况下，会在交换设备或配线架的下方安装理线架对线缆进行整理和固定，如图 1-49 所示。

④机柜。标准机柜的面板宽度都采用 19 英寸，深度为 600～1000mm。机柜的高度应根据实际设备的需求决定，机柜内 1 个设备安装所占用的高度用"U"表示，9U 表示该机柜中共能安装 9 个设备。除能容纳相关设备之外，选择机柜时还因考虑通风散热、设备的变更与增加等问题，多预留几 U 的空间。

图 1-49 理线架

在设计时，应画出机柜的布局图，以方便设备和材料的选购及安装。

⑤跳线。跳线的作用在楼层配线间中表现得尤为突出，选择合适的跳线，才能完成对网络连接的管理。跳线的长度不得超过 5m，其类型应当与其管理的线缆类型一致，其端口应当与配线架和网络设备的模块端口一致。

六、管理系统设计

在网络综合布线中，应用系统的变化会导致连接点经常移动或增加，没有标识或使用不恰当的标识，都会给用户管理带来不便。标识管理是网络综合布线系统的一个重要组成部分，网络综合布线的电缆、光缆、配线设备、端接点、接地设置、敷设管理线等组成部分均应给定唯一的标识符，并设置标签。

1. 标识种类

（1）电缆标识

主要用于交接硬件安装之前辨别电缆的始端和终端。常在交接安装和做标记之前利用这些电缆标识来辨别电缆的源发地和目的地（如图1-50）。

图1-50　电缆标识

（2）场标识

又称为区域标识，一般用于设备间、配线间、二级交接间的配线接续设备，以区别接续设备连接电缆的区域范围。

（3）插入标识

主要用于设备间和二级交接间的管理场，它是用颜色来标记端接电缆的起始点的。插入标识一般用硬纸片制成。对于110配线架，可以插入110型接线块之间的两个水平齿条之间透明塑料夹里，如图1-51。对于数据配线架，可插入插孔面板下部的插槽内，如图1-52。

图1-51　110配线架插入标识

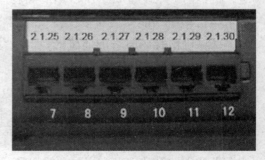

图1-52　数据配线架插入标识

2. 标识类型

网络综合布线系统通常使用标签来进行管理。标签的类型分为三种：

①粘贴型：背面为不干胶的标签纸，可以直接贴到各种设备的表面。

②插入型：通常是硬纸片，由安装人员在需要时取下来使用。

③特殊型：用于特殊场合的标签，如条形码、标签牌等（图 1-53）。

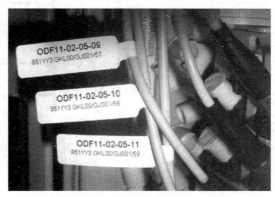

图 1-53　标签牌

3. 标识要求

①所有需要标识的设施都要有标签，电缆、光缆、配线设备、端接点、接地装置和敷设管线等组成部分均应给定唯一的标识符。分配由不同长度的编码和数字组成的标识符，以表示相关的管理信息。

②标识符可由数字、英文字母、汉语拼音或其他字符组成，布线系统内各同类型的器件与缆线的标识符应具有同样特征（相同数量的字母和数字等）。

③建议按照"永久标识"的概念选择材料，标签的寿命应能与布线系统的设计寿命相对应。

④标签应打印，不允许手工填写，应清晰可见、易读取。特别强调的是，标签应能够经受环境的考验，比如潮湿、高温、紫外线等，应该具有与所标识的设施相同或更长的使用寿命。聚酯、乙烯基或聚烯烃等材料通常是最佳的选择。

⑤要对所有的管理设施标识建立文档。

任务实施

一、确定布线结构

1-210 办公室网络综合布线系统计划采用星型结构，各信息点通过点到点的链路与配线间相连。布线结构图如图 1-54 所示。

星形布线结构图有以下特点：

①所有设备的接入、移动、移除或者任何一个工作区线路故障均不影响其

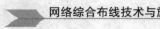

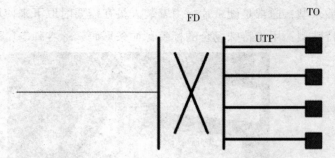

图例说明：
FD—楼层管理间布线系统配线架
TO—综合布线信息端口

图 1-54　办公室布线结构图

他线路的运行，也无需改变布线系统，只需要增减相应的网络设备以及进行必要的跳线管理即可，为线路的运行维护及故障检修提供了极大的方便，体现了开放性和灵活性。

②布线系统选择星型网络结构，任何一条线路故障均不影响其他线路的正常运行，体现了可靠性。

二、确定传输介质

1-210 办公室网络综合布线系统传输介质选用超 5 类非屏蔽双绞线，主要是基于以下几个方面考虑：

①超 5 类非屏蔽双绞线最大传输速率可达到 100Mbit/s，完全满足办公室教师无纸化办公的需求，也可满足视频下载等其他需要。

②超 5 类非屏蔽双绞线端接设备相对较便宜，使用也较普及，满足客户对资金成本的控制要求。

③各终端设备可灵活更换。

④办公室周围无强磁场和电场，不需要采用屏蔽双绞线。

三、工作区子系统设计

1. 信息点设计

（1）信息点模块类型

信息点的模块选用 RJ-45 信息模块。在前面的线缆设计中，我们已经计划采用的水平线缆为 UTP5e 双绞线，因此工作区的信息点应该为 UTP5e 的信息点才能与线缆的类型相对应，如果采用其他的模块可能会因端口不匹配等因素给将来的使用带来诸多不利。

（2）信息点数量

根据需求分析，每个教师办公计算机需要一个信息点，该办公室共有 12 台办公计算机；打印机处需安装一个信息点；另外还需多安装 2 个信息点。故该办公室中共需 15 个信息点。

2. 信息插座安装

（1）信息插座安装位置

计划将办公桌的信息插座安装在在"L"型办公桌的拐角处的地面上，右侧的 3 个信息插座安装在距离地面 30cm 高度的墙面上，信息插座位置如图 1-55 所示。安装在此处主要基于以下几个方面考虑：

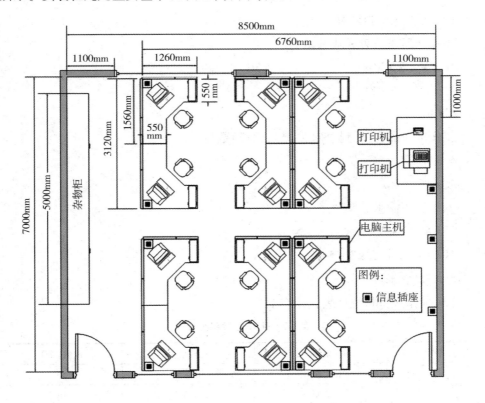

图 1-55　信息插座位置

①办公桌材料不适合安装信息插座；

②此处离办公人员的距离最远，插座在角落不易被踩到；

③与电源插座相隔一定距离，达到标准要求；

④信息插座与计算机主机连接较为方便；

（2）信息插座类型选择

计划选用地面明装型信息插座，插座面板采用单口面板。如果采用地面暗装型插座，就需要在地面上挖坑，办公室已经投入使用，在地面上挖坑一方面增加施工成本，另一方面施工较为困难。

3. 工作区子系统跳线

工作区子系统的跳线作用是连接计算机主机与插座，鉴于成本考虑，跳线由施工人员现场制作，而不采用成品跳线，制作跳线所需双绞线可由配线子系统尾线提供，一条跳线需要 2 个水晶头，共需 15 条跳线，30 个水晶头。

4. 工作区子系统材料统计

（1）工作区材料计算

工作区所需信息模块数量：

$$M = N + N \times 3\%$$

$$M = 15 + 15 \times 3\%$$

$$M \approx 16 \ 个$$

工作区所需要信息插座（底盒与面板）数量：

$$M = N + N \times 3\%$$

$$M \approx 16 \ 个$$

工作区所需水晶头数量：

$$M = N \times 2 + N \times 2 \times 5\%$$

$$M = 15 \times 2 + 15 \times 2 \times 5\%$$

$$M \approx 32 \ 个$$

（2）工作区材料统计表，见表 1-7。

表 1-7　工作区材料统计表

序号	名称	规格	数量（个）
1	信息模块	RJ-45	16
2	信息插座	地面明装	16
3	水晶头	RJ-45	32

四、配线子系统设计

1. 楼层配线间设计

（1）配线间数量

因为办公室配线子系统中的线缆长度没有超过标准规定的 90m，且办公室信息点数量不多，故只需一个配线间即可管理办公室布线系统。

（2）配线间位置

配线间机柜安装在距地面 2.5m，距门框 1.2m 处。主要基于以下几个方面考虑：

①引入的干线长度为 10m，机柜安装在别的角落会使干线长度不足；

②各信息点到配线间的距离较为平均，没有超出标准规定范围；

③不会影响办公室门开关，也不会使办公人员撞到机柜。

（3）连接方式

①办公室配线间计划采用互相连接的方式，从每个信息插座出来的水平线缆连接至配线间的配线架上，再通过跳线连接至交换机上；

②采用这种连接方式，可以很方便地管理各信息点的连通性，出现问题的机率较少，且出现问题的种类较为集中，解决起来也较为简单。

较易出现的问题及解决方法如下：

跳线问题：更换跳线；

配线架模块问题：将水平线缆连接至配线架的另一模块上；

交换机端口问题：将跳线跳接至另一端口；

交换机故障：重新配置交换机或更换交换机。

（4）配线间设备选择

①双绞线配线架。办公室中共有 15 个信息点，配线间中将这 15 个信息点的水平线缆打在配线架上，另外还有 2 条干线线缆也打到这个配线架上。所有连接线为缆超 5 类非屏蔽双绞线，配线架也为超 5 类 RJ-45 模块的配架。配线架端口需要通过跳线连接至交换机中，跳线双绞线为超 5 类双绞线，水晶头为 RJ-45 型号。

根据以上分析，办公室配线间中选用 1 个 24 口配线架即可。配线架尚有 9 个模块剩余，因此干线的 2 条双绞线也端接到该配线架上。

②交换机。因为共有 15 个信息点需连入网络，1 台 24 口交换机可满足需要。

③理线架。需连接的跳线不多，1 个理线架可完成理线需要。

④机柜。机柜类型采用 1 个壁挂式 19 寸机柜，机柜高度根据所选用的设备确定，办公室管理间需要 1 个 RJ-45 配线架，1 台交换机，1 个理线架，共有 3 个设备，占用至少 3U 的高度，为了便于整理机柜线缆，机柜高度选用 6U 较为合适。

⑤双绞线跳线。双绞线跳线采用现场制作，共需 17 条跳线。需 36 个水晶

头，制作跳线所需双绞线可由配线子系统尾线提供。

（5）机柜布局图

机柜布局如图 1-56 所示。机柜高 6U，从下往上分别为（1～6）U，最高的 6U 不安装设备，用以机柜散热；5U 处交换机；4U 处安装理线架；3U 处双绞线配线架；1U 与 2U 处的空间用以放置水平子系统与干线子系统预留的双绞线与光纤。

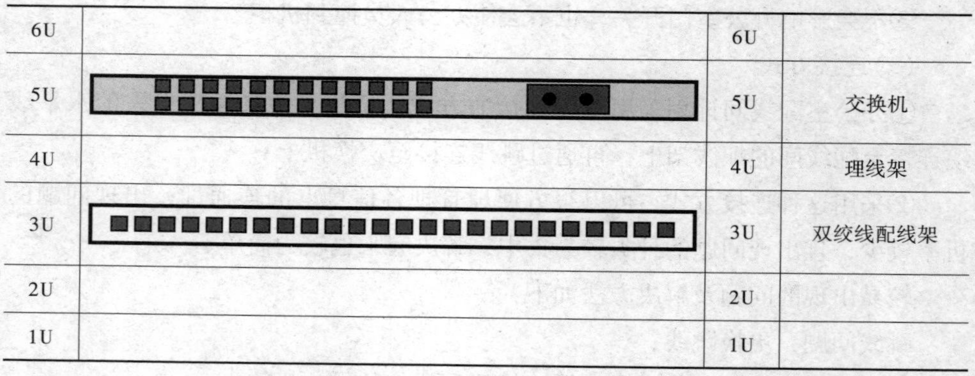

6U		6U	
5U		5U	交换机
4U		4U	理线架
3U		3U	双绞线配线架
2U		2U	
1U		1U	

图 1-56　机柜布局

2. 水平系统设计

（1）明敷布线与暗敷布线选择

1-210 办公室网络综合布线系统是属于旧楼改造系统，鉴于客户要求尽量少破坏墙体，综合考虑成本与施工难易，决定对该办公室网络综合布线系统采用明敷布线。

（2）水平线路设计

1-210 办公室原来已有强电布线系统，非屏蔽双绞线不能与强电系统共用线槽，以免产生干扰，因此需要另外安装线槽布放双绞线。

原有的强电线槽安装在墙壁上方，水平系统线槽间至少需间隔 10cm，但考虑到双线槽间隔太大不美观，故水平系统线槽计划安装在离地面 20cm 高度，沿着瓷砖顶部呈水平走势，一直敷设至机柜与信息插座处。因办公桌不适合敷设线槽，办公桌处的线槽沿着桌子边缘敷设在地面上。水平系统线槽不可直接过门，需要绕过门框。机柜下方通过线槽呈垂直走势与水平线槽连接，如图 1-57。

水平系统计划采用 PVC 线槽，PVC 线槽施工较为简单，成本较低。考虑到办公桌下面的 PVC 线槽可能会被踩坏，故办公桌下方的线槽需采用地面 PVC 线槽。

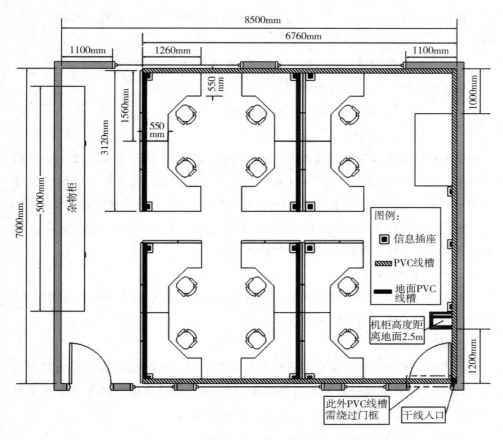

图 1-57 水平线路设计图

（3）干线线路设计

1-210 办公室入门处预留了两条 10m 的超 5 类双绞线，计划将这两条双绞敷设在配线子系统线槽中，在门框处设水平线槽，沿着线槽连接至机柜配线架上。

（4）水平系统材料核算

① PVC 线槽大小及长度。

机柜下方的线槽容纳的双绞线数量最多，共需容纳 17 根双绞线，根据公式计算（超 5 类非屏蔽双绞线直径约为 6mm，故一条超 5 类非屏蔽双绞线的截面积约为 28.26mm^2。）：

$$管槽截面积 = (n \times 线缆截面积)/[70\% \times (40\% \times 50\%)]$$
$$= (17 \times 28.26)/[70\% \times 50\%]$$
$$\approx 1373\text{mm}^2$$

根据计算结果，机柜下方选用 60mm×30mm 规格的 PVC 线槽，线槽长度约为 2.5m。

水平走向的线槽最多处容纳 9 根双绞线，根据公式计算

$$管槽截面积 = (n×线缆截面积)/[70\%×(40\%×50\%)]$$
$$= (9×28.26)/[70\%×50\%]$$
$$≈727mm^2$$

根据计算结果及考虑美观因素，水平走向线槽统一选用 30mm×25mm 规格的 PVC 线槽，线槽长度约为 26m（水平走向线槽 20.5m，延伸到地面线槽长度（0.2×4）m，绕门框垂直走向线槽长度（1.8×2）m，冗余线槽长度）。

地面线槽选用 4 号地面 PVC 线槽，地面线槽可容纳 4 根超 5 类双绞线，满足设计需要。4 号地面 PVC 线槽长度约为 13m。

②PVC 线槽连接器件。

根据实际情况，需要阴角 6 个，普通三通 5 个，异型三通 1 个，弯通 6 个，考虑冗余，每个连接器件计划加多 1 个。

③双绞线长度。

1-210 办公室有 15 个信息点，根据实际测量得距离配线间最远的信息插座为 18.38m，距离配线间最近的信息插座为 2.5m，经计算得该楼水平布线子系统所需 UTP5e 线缆长度为 263m，共需 1 箱双绞线。

$$每个楼层用线量(m)：C = [0.55(L+S)+6]×n$$
$$= [0.55(18.38+2.5)+6]×15$$
$$≈263m$$

3. 配线子系统材料表

经过统计与核算，该办公室水平布线子系统所需用到的材料如表 1-8 所示。

表 1-8　办公室水平布线子系统用料表

序号	名称	规格	数量
1	PVC 线槽	60×30mm	2.5m
2	PVC 线槽	30×25mm	26m
3	地面 PVC 线槽	4 号	13m
4	阴角	与 PVC 线槽配套	7 个
5	普通三通	与 PVC 线槽配套	6 个
6	异型三通	与 PVC 线槽配套	2 个

续表

序号	名称	规格	数量
7	弯通	与 PVC 线槽配套	6 个
8	双绞线	UTP5e	1 箱
9	配线架	24 口 UTP5e	1 个
10	理线架	1U 高度	1 个
11	交换机	根据网格规划选择	1 台
12	机柜	19 寸 6U	1 个
13	水晶头	RJ-45	36 个

五、管理标识设计

1. 信息点标号设计

信息点标号设计为 01、02、03、…、15，各标识分布如图 1-58 所示。

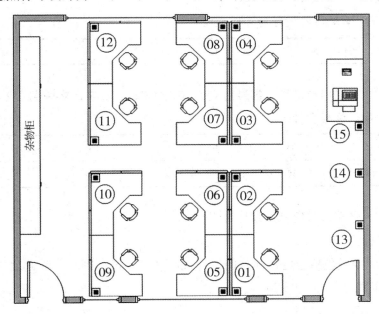

图 1-58　信息点标号设计

2. 线缆标号设计

（1）配线子系统中的线缆标号设计为 P. XX：

P—配线子系统中的线缆；

XX—信息点标号（X 为：01、02、03、…、15）。

（2）干线标号设计为 G. XX：

F—干线子系统中的线缆；

XX—01 号干线与 02 号干线。

（3）工作区跳线编号设计为 TO－XX：

TO—工作区跳线；

XX—信息点标号（X 为：01、02、03、…、15）。

（4）工作区跳线编号设计为 FD－XX：

FD—配线间跳线；

XX—信息点标号（X 为：01、02、03、…、15）。

3. 配线架标号设计

（1）配线架标号设计为 F. X：

F—楼层配线间中的配线架；

X—第 X 个配线架（X 为：A、B、C、…、Z）。

（2）配线架端口号设计为

01	02	03	04	05	…	13	14	15	…	G02	G01

01～15 号端口与信息点编号对应，G01、G02 编号与干线编号对应。

4. 交换机标号设计

01	02	03	04	05	06	07	08	09	10	11	12
13	14	15	16								

01～15 号端口与信息点编号对应。

5. 场标识

场标识中应包括上述各标号的设计说明文字、设计图片。除此之外，还应包括以下内容：

①机柜编号：FD. 1－210；

②用途：1－210 网络综合布线配线子系统；

③配线子系统线缆类型：超 5 类非屏蔽双绞线；

④干线子系统线缆类型：超 5 类非屏蔽双绞线；

⑤办公室布线结构图。

6. 线槽标识

①线槽用途：网络综合布线系统；

②槽内线缆种类：超 5 类非屏蔽双绞线；

③槽内线缆条数：XX（XX：线缆条数）；

④线槽走向：To. XX（XX：信息点编号）。

7. 标签打印

各标签采用标签打印机打印，制作成永久型标签。

学习任务四 对办公室网络综合布线系统施工

任务描述

有了办公室网络综合布线系统设计方案后，刘经理便安排你与小钱对办公室网络综合布线系统进行施工，请按照设计方案，规范施工。

任务分析

施工不能盲目地进行，要以设计方案为依据。在进行办公室网络综合布线系统施工前，一定要做好准备工作，比如制定相关制度，准备相关工具及材料，在进行施工时要注意施工安全，并且要按规范施工。1-210 办公室网络综合布线系统施工时需要注意以下几个方面：

（1）制订施工计划；

（2）施工工具准备；

（3）人员组织安排；

（4）施工工具及材料存放；

（5）工程项目的组织协调；

（6）制订施工进度计划；

（7）PVC 线槽安装要求；

（8）机柜安装要求；

（9）插座底盒安装要求；

（10）布放双绞线线缆要求；

（11）双绞线端接要求。

知识准备

一、做好施工前的准备工作

1. 熟悉工程设计和施工图纸

施工相关人员应详细阅读工程设计文件和施工图纸，了解设计内容及设计意图，明确工程所采用的设备和材料，明确图纸所提出的施工要求，熟悉和工程有关的其他技术资料，如施工及验收规范、技术规程、质量检验评定标准以及制造商提供的资料（包括安装使用说明书、产品合格证和测试记录数据等）。

2. 人员组织安排

进行网络综合布线施工前，应做出相应的人员安排（根据现场的实际情况，如工程项目较小，可一人承担两项或三项工作）。

①项目经理：具有大网络综合布线系统工程项目的管理与实施经验，监督整个工程项目的实施，对工程项目的实施进度负责；负责协调解决工程项目实施过程中出现的各种问题；负责与业主及相关人员的协调工作。

②技术人员：要求具有丰富工程施工经验，对项目实施过程中出现的进度、技术等问题，及时上报项目经理。熟悉网络综合布线系统的工程特点、技术特点及产品特点，并熟悉相关技术执行标准及验收标准，负责协调系统设备检验与工程验收工作。

③质量、材料员：要求熟悉工程所需的材料、设备规格，负责材料、设备的进出库管理和库存管理，保证库存设备的完整。

④安全员：要求具有很强的责任心，负责巡视日常工作安全防范以及库存设备材料的安全。

⑤资料员：负责日常的工程资料整理（图纸、洽商文档、监理文档、工程文件、竣工资料等）。

⑥施工班组人员：承担工程施工生产，应具有相应的施工能力和经验。

3. 编制施工方案

在全面熟悉施工图纸的基础上，依据图纸并根据施工现场情况、技术力量及技术装备情况、设备材料供应情况，做出合理的施工方案。施工方案的内容主要包括施工组织和施工进度，施工方案要做到人员组织合理、施工安排有序、工程管理有方，同时要明确网络综合布线工程和主体工程以及其他安装工程的交叉配合，确保在施工过程中不破坏建筑物的强度、不破坏建筑物的外观、不与其他工程发生位置冲突，以保证工程的整体质量。

4. 施工场地的准备

为了加强管理，要在施工现场布置一些临时场地和设施，主要包括以下几点。

①管槽加工制作场：在管槽施工阶段，根据布线路由实际情况，需要对管槽材料进行现场切割和加工。

②仓库：对于规模稍大的网络综合布线系统工程，设备材料都有一个采购周期，同时每天使用的施工材料和施工工具不可能存放到公司仓库，因此，必须在现场设置一个临时仓库存放施工工具、管槽、线缆和其他材料。

③现场办公室：现场施工的指挥场所，配备照明、电话和计算机等办公设备。

④现场供电供水：在施工过程和加工制作过程中都需要供电供水。

5. 工程项目的组织协调

工程项目在施工过程中会涉及很多方面的关系，一个建筑施工项目常有几十家涉及不同专业的施工单位，矛盾是不可避免的。协调作为项目管理的重要工作，是有效地解决各种分歧和施工冲突，使各施工单位齐心协力保证项目的顺利实施，以达到预期的工程建设目标。协调工作主要由项目经理完成，技术人员支持。

网络综合布线项目协调的内容大致分为以下几个方面：

①相互配合的协调，包括其他施工单位、建设单位、监理单位、设计单位等在配合关系上的协调。如与其他施工单位协调施工次序的先后，线管线槽的路由走向，或避让强电线槽线管以及其他会造成电磁干扰的机电设备等；与建设单位、监理单位协调工程进度款的支付、施工进度的安排、施工工艺的要求、隐蔽工程验收等；与设计单位协调技术变更等。

②施工供求关系的协调，包括工程项目实施中所需要的人力、工具、资金、设备、材料、技术的供应，主要通过协调解决供求平衡问题。应根据工程施工进度计划表组织施工，安排相关数量的施工班组人员以及相应的施工工具，安排生产材料的采购，解决施工中遇到技术或资金问题等。

③项目部人际关系的协调，包括工程总项目部、本项目部以及其他施工单位的人际关系，主要为解决人员之间在工作中产生的联系或矛盾。

④施工组织关系的协调，主要为协调网络综合布线项目部内技术、材料、安全、资料施工班组相互配合。

6. 制订施工进度计划

以拟建工程为对象，规定各项工程的施工顺序和开工、竣工时间的施工计划。施工进度计划是施工组织设计的中心内容，它要保证建设工程按合同规定的期限交付使用。施工中的其他工作必须围绕着并适应施工进度计划的要求安排。

（1）编制原理

施工进度计划的编制原则是：从实际出发，注意施工的连续性和均衡性；按合同规定的工期要求，做到好中求快，提高竣工率；讲求综合经济效益。

施工进度计划的编制是按流水作业原理进行的。流水作业是在分工协作和大批量生产的基础上形成的一种科学的生产组织方法。它的特点体现在生产的连续性、节奏性和均衡性上。由于布线产品及其生产的技术经济特点，在布线施工中采用流水作业方法时，须把工程分成若干施工段。当第一个专业施工队组完成了第一个施工段的前一道工序而腾出工作面并转入第二个施工段时，第二个专业施工队组即可进入第一施工段去完成后一道工序，然后再转入第二施工段连续作业。这样既保证了各施工队组工作的连续性，又使后一道工序能提前插入施工，充分利用了空间，又争取了时间，缩短了工期，使施工能快速而稳定地进行。利用网络计划方法编制施工进度计划则可将整个施工进程联系起来，形成一个有机的整体，反映出各项工作（工程或工序）的工艺联系和组织联系，能为管理人员提供各种有用的管理信息。

（2）表现形式

网络综合布线施工使用横道图法（又称甘特图法）表现施工进度计划，这种表现形式是一种带时标的表格形式计划，具有简明、形象、易懂的优点，如表1-9所示。

表1-9　××公司网络综合布线工程施工进度计划表

序号	任务名称	2014年7月								2014年8月													
		8	9	11	13	22	24	26	28	31	1	3	5	7	9	11	13	15	17	19	21	23	25	27	31
1	施工准备																							
2	材料采购																							
3	管槽安装																							
4	线缆敷设																							
5	设备安装																							
6	测试验收																							

7. 开始施工前器材及工具检查

在网络综合布线系统工程安装施工前，必须针对器材、部件、仪表和工具的特点，认真检验、测试和核查，做好事前的准备工作。在国标 GB 50312—2007 中对器材、测试仪表和工具的检查校验要求的内容做了详细介绍。

二、准备施工工具

从事网络综合布线的项目经理、网络工程师和布线工程师们在工程中往往存在这样的现象：重视线缆系统的安装而忽视管槽系统的安装，认为它技术含量低，是一种粗活、重活。在工程实际中，系统集成商往往将管槽系统设计好后，将管槽系统安装转包给其他工程队做从而给工程质量带来隐患。管槽系统是网络综合布线的"面子"，起到保护线缆的作用，管槽系统的质量直接关系到整个布线工程的质量，很多工程质量问题往往出在管槽系统的安装上。

要提高管槽系统的安装质量，首先要熟悉安装施工工具，并掌握这些工具的使用。网络综合布线的施工工具很多，下面介绍一些常用工具和设备。

1. 管槽安装工具

（1）电工工具箱

电工工具箱是布线施工中必备的工具，如图 1-59 所示。它一般应包括以下工具：钢丝钳、尖嘴钳、斜口钳、剥线钳、一字螺丝批、十字螺丝批、测电笔、电工刀、电工胶带、活扳手、呆扳手、卷尺、铁锤、凿子、斜口凿、钢锉、钢锯、电工皮带、工作手套等。工具箱中还应常备诸如：水泥钉、木螺丝、自攻螺丝、塑料膨胀管、金属膨胀栓等小材料。

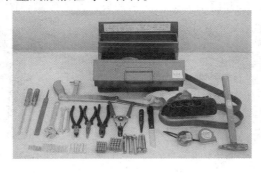

图 1-59　电工工具箱

（2）电源线盘

在施工现场特别是室外施工现场，由于施工范围广，不可能随地都能取到电源，因此要用长距离的电源线盘接电，如图 1-60，线盘长度有 20m、30m、50m 等型号。

LRG425B

图 1-60　电源线盘

（3）梯子

安装管槽及进行布线拉线工序时，常常需要登高作业。常用的梯子有直梯和人字梯两种。直梯多用于户外登高作业，如搭在电杆上和墙上安装室外光缆；后者通常用于户内登高作业，如安装管槽、布线、拉线等。直梯和人字梯在使用之前，宜将梯脚绑缚橡皮之类的防滑材料，人字梯还应在两页梯之间绑扎一道防自动滑开的安全绳。

（4）充电起子

图 1-61　充电起子

充电起子是工程安装中经常使用的一种电动工具，如图 1-61 所示，它既可当螺丝刀又能用作电钻，特别是带充电电池使用，不用电线，在任何场合都能工作；单手操作，具有正反转快速变换按钮，使用灵活方便；强大的纽力，配合各式通用的六角工具头可以拆卸及锁入螺钉，钻洞等；取代传统起子，拆卸锁入螺钉完全不费力，大大提高了工效。

（5）手电钻

手电钻既能在金属型材上钻孔，也适用于木材、塑料上钻孔，在布线系统安装中是经常用到的工具，如 1-62 所示。手电钻由电动机、电源开关、电缆、钻孔头等组成。用钻头钥匙开启钻头锁，使钻夹头扩开或拧紧，使钻头松出或固牢。

图 1-62　手电钻

图 1-63　冲击电钻

（6）冲击电钻

冲击电钻简称冲击钻。它是一种旋转带冲击的特殊用途的手提式电动工具，如图 1-63 所示。当需要在混凝土、预制板、瓷面砖、砖墙等建筑材料上进行钻孔、打洞时，只需把锤钻调节开关拨到标记锤的位置上，在钻头上安装电锤钻头又名"硬质合金钻头"，便能产生既旋转又冲击的动作，在需要的部位进行钻孔；当需要在金属等韧性材料上进行钻孔加工时，只要将锤钻调节开关拨到标有钻的位置上，即可产生纯转动，换上普通麻花钻头，即可像手电钻那样钻孔。冲击电钻为双重绝缘，安全可靠。它由电动机、减速箱、冲击头、辅助手柄、开关、电源线、插头及钻头夹等组成。

（7）其他的施工工具

其他的施工工具还有：台虎钳、管子切割器、管子钳、螺纹铰板、弯管器、电锤、电镐、角磨机、型材切割机、台钻、牵引机等。

2. 双绞线安装工具

（1）剥线器

工程技术人员往往直接用压线工具上的刀片来剥除双绞线的外套，他们凭经验来控制切割深度，这就留下了隐患，一不小心切割线缆外套时就会伤及导线的绝缘层。由于双绞线的表面是不规则的，而且线径存在差别，所以采用剥线器剥去双绞线的外护套更安全可靠。剥

图1-64　剥线器

线钳使用高度可调的刀片或利用弹簧张力来控制合适的切割深度，保障切割时不会伤及导线的绝缘层，剥线钳有多种外观。如图1-64所示为一款常用的剥线器。

（2）压线工具

压线工具是用来压接8位的RJ-45插头和4位、6位的RJ-11、RJ-12插头，它可同时提供切和剥的功能。其设计可保证模具齿和插头的角点精确地对齐，通常的压线工具都是固定插头的，有RJ-45或RJ-11单用的也有双用的，如图1-65所示。市场上还有手持式模块化插头压接工具，它有可替换的8位RJ-45和4位、6位的RJ-11、RJ-12压模。除手持式压线工具外，还有工业应用级的模式化插头自动压接仪。

图1-65　压线工具

（3）打线工具

打线工具用于将双绞线压接到信息模块和配线架上，信息模块配线架是采

用绝缘置换连接器(IDC)与双绞线连接的，IDC 实际上是具有 V 型豁口的小刀片，当把导线压入豁口时，刀片割开导线的绝缘层，与其中的导体形成接触，如图 1-66 所示。打线工具由手柄和刀具组成，它是两端式的，一端具有打接及裁线的功能，裁剪掉多余的线头，另一端不具有裁线的功能，工具的一面显示清晰的"CUT"字样，使用户可以在安装的过程中容易识别正确的打线方向。手柄握把具有压力旋转钮，可进行压力大小的选择。

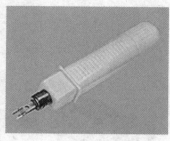

图 1-66　打线工具

（4）110 五对打线工具

110 五对打线工具是一种多功能端接工具，适用于线缆、跳接块及跳线架的连接作业，端接工具和体座均可替换，打线头通过翻转可以选择切割或不切割线缆。工具的腔体由高强度的铝涂以黑色保护漆构成，手柄为防滑橡胶，并符合人体工程学设计。工具的一面显示清晰的"CUT"字样，使用户可以在安装的过程中容易识别正确的打线方向，如图 1-67 所示为一款常用的 110 五对打线工具。

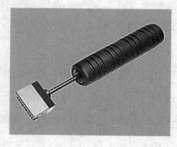

图 1-67　110 五对打线工具

（5）手掌保护器

因为把双绞线的 4 对芯线卡入到信息模块的过程比较费劲，并且由于信息模块容易划伤手，于是就有公司专门设计生产了一种打线保护装置，将信息模块嵌套在保护装置后再对信息模块压接，这样既方便把双绞线卡入到信息模块中，也可以起到隔离手掌，保护手的作用。如图 1-68 所示为一款常用的手掌保护器。

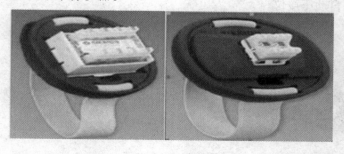

图 1-68　手掌保护器

三、施工安全

网络综合布线系统工程的施工是在比较复杂的环境中进行的，因此在施工过程中必须建立完善的安全机制，提供安全的施工环境，并且为工作人员提供各项安全训练。

1. 相关安全标准

我国制定、执行的与网络综合布线系统工程施工相关的安全法规标准主要有：

①《中华人民共和国安全生产法》；

②《建筑安装工程安全技术规定》；

③《建筑安装工人安全技术操作规程》；

④《建筑施工安全检查标准》；

⑤《安全标志使用导则》；

⑥《劳动防护用品选用规则》。

对于施工方来说，保证工作人员安全的方法时创建安全规划，在开始工作之前进行正规的培训。

一个完善的安全规划应该包括意外事故预防，安装防火安全装置，避免不安全的行为、环境条件，急救、个人安全等内容。

2. 电气安全

在安装电缆的时候有很多危险，在高压源和地线附近，以及把系统焊接到地线时，所有布线工作人员必须采用防护措施。

①高压安全。网络综合布线工作人员在使用有源设备之前，要使用电压测试设备(如万用表)对设备的表面电压进行测试，防止设备带电。

在国标 GB 50311—2007 中第 7.0.9 条(7.0.9 当电缆从建筑物外面进入建筑物时，应选用适配的信号线路浪涌保护器，信号线路浪涌保护器应符合设计要求。)为强制性条文，必须严格执行，防止工作人员触电。

②接地安全。接地是保障安全的重要手段，应注意在网络综合布线系统安装过程中正确安装接地系统，并验证接地系统能否正常工作。

③电缆分离。在网络综合布线系统施工中，不要让网络综合布线系统电缆距离传输电能的电缆或任何带电的东西太近，因为距离太近会使铜缆数据传输特性受到损害。

另外，绝不能在裸露的电力电缆、避雷针、变压器、热水管等附近安装电缆；决不能把数据和语音电缆放入包含动力电缆或者照明电路的任何导管、箱体、通道，除非有特殊电磁屏蔽保护措施；不能把数据电缆和电力电缆捆绑在一起。

④静电放电。静电是破坏性最大和最难控制的电流形式，对人体没有伤害，但对计算机等电子设备是灾难性的，一定要采取措施处理静电，以保护敏感的电子设备。

⑤切割与钻孔。当需要在墙体和地板打孔时，为了避免伤害，必须遵守以下安全规则：

一是不要对掩藏的电缆或管道进行切割和钻孔；

二是在钻孔之前需要与建筑工程师或维护人员进行交流；

三是在钻孔前要检查两个表面，因为一个人的天花板是另一个人的地面；

四是在切割与钻孔前，先做一个小的观察孔。

3. 工作场所安全

在网络综合布线系统工程施工中，必须熟悉工作场所的其他潜在危险。工作场所应该是一个安全的环境。

①正确使用梯子。梯子必须放在平坦、稳定的表面上。如果找不到平坦、稳定的表面，必须由其他工作人员扶着梯子，或者将梯子放置在保证不会移动的地方。一定要确定支架是充分固定的，并且是正确锁定的。另外，要确定梯子设定的角度及其工作位置间的距离是正确的。梯子与墙面的距离一般为梯子的1/4。

②灭火器的使用。当发生火灾时，应切断电源，打电话求救。只有在火势很小并有限制时，可用灭火器灭火，在灭火之前，应确定一条逃离路线，灭火时应保持被朝着安全出口。

4. 个人安全设备

个人安全设备是指工作现场穿着的用来保护工作人员免受伤害的衣物及装备。布线安装人员应正确穿戴合身的个人安全设备。个人安全设备主要包括工作服、安全帽、眼睛保护装备、听力保护装置、呼吸道保护、手套等。

四、安装布线器材

1. PVC 线槽的安装要求

采用托架时，一般在1m左右安装一个托架。固定槽时一般1m左右安装固定点。固定点是指把槽固定的地方，有直接向水泥中钉螺钉和先打塑料膨胀管再钉螺钉两种固定方式。根据槽的大小建议：

①25mm × (20～30) mm 规格的槽，一个固定点应有 2～3 个固定螺钉，并水平排列；

②25mm ×30mm 以上规格的槽，一个固定点应有 3～4 个固定螺钉，呈梯形

状，使槽受力点分散分布。

③除了固定点外应每隔 1m 左右，钻 2 个孔，用双绞线穿入，待布线结束后，把所布的双绞线捆扎起来。

2. 机柜安装的基本要求

①机柜（架）排列位置、安装位置和设备面向都应按设计要求，并符合实际测定后的机房平面布置图中的需要。

②机柜（架）安装完工后，机柜（架）安装的位置应符合设计要求，要求机柜（架）、设备与地面垂直，其前后左右的垂直偏差度不应大于 3。

③机柜及其内部设备上的各种零件不应脱落或碰坏，表面漆面不应有脱落及划痕，如果进行补漆，其颜色应与原来漆色协调一致。各种标志应统一、完整、清晰、醒目。

④机柜（架）、配线设备箱体、电缆桥架及线槽等设备的安装应牢固可靠。

⑤为便于施工和维护人员操作，机柜（架）前至少应留有 800mm 的空间，机柜（架）背面距离墙面应大于 600mm，以便人员施工、维护和通行。

⑥机柜的接地装置应符合相关规定的要求，并保持良好的电气连接。

⑦如采用墙上型机柜，要求墙壁必须牢固可靠，能承受机柜重量，机柜距地面宜为 300～800mm，或视具体情况而定。

⑧在新建建筑物中，布线系统应采用暗线敷设方式，所使用的配线设备也可采取暗敷方式，暗装在电缆井内。

3. 配线架在机柜中的安装要求

①在机柜内部安装配线架前，首先要进行设备位置规划或按照图纸规定确定位置。

②缆线采用地面出线方式时，一般缆线从机柜底部穿入机柜内部，配线架宜安装在机柜下部。采取桥架出线方式时，一般缆线从机柜顶部穿入机柜内部，配线架宜安装在机柜上部。缆线采取从机柜侧面穿入机柜内部时，配线架宜安装在机柜中部。

③每个模块式快速配线架之间安装有一个理线架，每个交换机之间也要安装理线架。

④正面的跳线从配线架中出来后全部要放入理线架，然后从机柜侧面绕到上部的交换机间的理线器中，再接插进入交换机端口。

4. 信息插座底盒安装要求

信息插座底盒应安装牢固稳定，无松动现象，信息插座底座的固定方法应以现场施工的具体条件来定，可用膨胀螺钉、射钉等方法安装。如图 1-69 所示。

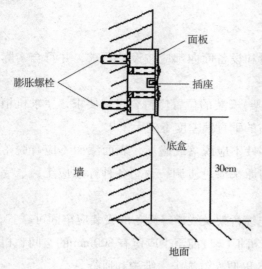

图 1-69　信息插座底盒安装示意图

五、敷设双绞线电缆

1. 从纸板箱中拉线

线缆出厂都是包装在纸箱中，如果纸板箱是常规类型的，通过使用下列放线技术能避免缆线的缠绕：

①撤去有穿孔的撞击块；

②将电缆线拉出 1m 长，让塑料插入物固定在应有的位置上；

③将纸板箱放在地板上，并根据需要放送电缆线；

④按所要求的长度将电缆线割断，需留有余量供端接、扎捆及日后维护使用；

⑤将电缆线滑回到槽中，留数厘米在外，并在末端系一个环，以使末端不滑回槽中去。

2. 从卷轴或轮上放线缆

重的缆线必须绕在轮轴上，不能放在纸箱中。例如，大对数缆线，可先将缆线安装在滚筒上，然后从滚筒上将它们拉出，缆线轴要安装在放线支架上，以便使它能转动并将缆线从轴顶部拉出。另外，施工人员要保持平滑和均匀地放线。

3. 拉线缆的速度和拉力

在拉线缆时应采用慢速而又平稳地拉线，而不是快速拉线，因为快速拉线会造成电缆缠绕或被绊住。拉力过大，电缆变形，会引起电缆传输性能下降。电缆最大允许拉力为：

①1 根 4 对双绞线电缆，拉力为 100N（10kg）。

②2 根 4 对双绞线电缆，拉力为 150N（15kg）。

③3 根 4 对双绞线电缆，拉力为 200N（20kg）。

④n 根 4 对双绞线电缆，拉力为 $(n \times 50 + 50)$N。

⑤25 对 5 类 UTP，最大拉力不能超过 40kg，速度不宜超过 15m/min。

4. 放线记录

为了准确核算电缆用量，充分利用电缆，对每箱线从第一次放线起，做一个放线记录表。电缆上一般每隔1m左右有一个长度记录，一箱线长305m。每个信息点放线时应记录开始处和结束处的长度，这样对本次放线的长度和线箱中剩余电缆的长度一目了然，有利于将线箱中剩余电缆布放至合适的信息点。放线记录表如表1-10所示。可将放线记录表打印出来后贴在线箱上，以便随时查看。

表1-10　放线记录表

序号	信息点名称（线缆标号）	起始长度	结束长度	使用长度	线箱剩余长度

5. 线缆牵引技术

对于明装线槽的放线，可根据实际情况，先将线缆从线箱中拉出，在地上整理好后，再放入线槽中。

对于线管暗装的槽道布线，就需要使用到线缆牵引技术。缆线牵引是指用一条拉绳将线缆从墙壁管路、地板管路及槽道或拉过桥架及线槽的一端牵引到另一端。

6. 铺设线缆要求

①铺设水平UTP线缆、垂直主干大对数电缆、光纤时应做好线缆两头的标记。

②布放缆线时应注意，缆线布放时应有冗余。在楼层配线间UTP电缆预留一般为3～6m；工作区为0.3～0.6m；光缆在设备端预留长度一般为5～10m；有特殊要求的应按设计要求预留长度。

③在同一线槽内包括绝缘在内的导线截面积总和应该不超过内部截面积的40%。

④缆线的布放应平直，不得产生扭绞、打圈等现象，不应受到外力的挤压和损伤。

⑤电缆桥架内缆线垂直敷设时，在缆线的上端和每间隔1.5m处，应固定在桥架的支架上，水平敷设时，伸直部分间隔3～5m设固定点。在缆线的距离

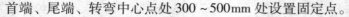

首端、尾端、转弯中心点处 300～500mm 处设置固定点。

六、端接双绞线电缆

双绞线电缆终接是网络综合布线系统工程中最为关键的步骤之一，它包括配线接续设备和工作区信息点处的安装施工。网络综合布线系统的故障绝大部分出现在链路的终接处，故障出现在某个终接处，也包含终接安装时不规范作业，如弯曲半径过小、开绞距离过长等引起的故障。故障会导致线缆的传输性能下降，甚至会出现无法连通的现象，对整个网络综合布线的质量产生极大的影响。所以，安装和维护网络综合布线的技术人员，必须先进行严格培训，掌握安装技能。

1. 双绞线终接应符合要求

①缆线在终接前，必须核对缆线标识内容是否正确。

②缆线中间不应有接头。

③缆线终接处必须牢固、接触良好。

④双绞线电缆与连接器件连接应认准线号、线位色标，不得颠倒和错接。

⑤虽然电缆路由中允许转弯，但端接安装中要尽量避免不必要的转弯，绝大多数的安装要求少于 3 个 90°转弯，在一个信息插座盒内允许有少数电缆的转弯及短(30cm)的盘圈。

⑥电缆剥除外护套后，双绞线在端接时应注意：避免线对发散；避免线对叠合紧密缠绕；

⑦对于屏蔽双绞线，在剥除外护套时避免伤及双绞线绝缘层，屏蔽双绞线电缆的屏蔽层与连接器件终接处屏蔽罩应通过紧固器件可靠接触，缆线屏蔽层应与连接器件屏蔽罩 360°圆周接触，接触长度不宜小于 10mm，屏蔽层不应用于受力的场合。

2. RJ-45 水晶头制作标准

双绞线水晶头的制作方式有两种国际标准，分别为 EIA/TIA568A 以及 EIA/TIA568B。根据标准，双绞线的连接方法也主要有两种，分别为直通线缆以及交叉线缆。直通线缆就是水晶头两端都同时采用 T568A 或者 T568B 的标准，而交叉线缆则是水晶头一端采用 T586A 的标准制作，而另一端则采用 T568B 标准制作，即 A 水晶头的 1、2 对应 B 水晶头的 3、6，而 A 水晶头的 3、6 对应 B 水晶头的 1、2。

①T568A 的线序是：白绿、绿、白橙、蓝、白蓝、橙、白棕、棕。

②T568B 的线序是：白橙、橙、白绿、蓝、白蓝、绿、白棕、棕。

两种 RJ-45 水晶头的连接方式均可采用，但在同一布线工程中两种连接方式不应混合使用。通常情况下在网络综合布线施工中采用 T568B 的线序进行水晶头的制作，如图 1-70 所示。

3. 超 5 类双绞线水晶头制作步骤

（1）剥除双绞电缆的外护套

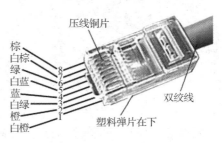

图 1-70 T568B 水晶头示意图

用双绞线剥线器将双绞线外皮剥去 2～3cm，把一部分的保护胶皮去掉，如图 1-71 所示。在这个步骤中需要注意的是剥除的外套不要过长或过短，若剥线过长，一方面看上去不美观，另一方面水晶头只卡住双绞线而没有卡住外套，水晶头插针容易松动；若剥线过短，则因有保护层塑料的存在，不能完全插到水晶头底部，造成水晶头插针不能与网线芯线完好接触，影响到线路的质量。

（2）将双绞线按线序标准排列好

把每对都是相互缠绕在一起的线缆逐一解开，解开后则根据需要接线的规则把几组线缆依次地排列好并理顺，排列的时候应该注意尽量避免线路的缠绕和重叠，如图 1-72 所示。由于线缆之前是相互缠绕着的，因此会有一定的弯曲，将线缆依次排列并理顺后，接着应该把线缆尽量扯直并保持线缆平扁。方法是用双手抓着线缆然后向两个相反方向用力，并上下扯一下即可。

图 1-71 剥除双绞线电缆的外护套

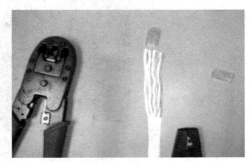

图 1-72 排列好的双绞线

（3）将双绞线裁剪整齐

将线缆依次排列好并理顺压直之后，细心检查一遍线序有无错误，之后利用压线钳的剪线刀口把线缆顶部裁剪整齐，如图 1-73 所示，需要注意的是裁剪的时候应该是水平方向插入，否则会影响到线缆与水晶头的正常接触。若之前

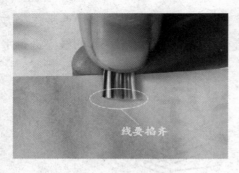

图 1-73　将双绞线剪齐

把保护层剥下过多的话，可以在这里将过长的细线剪短，保留去掉保护层的部分约为 14mm，这个长度正好能将各细导线插入到各自的线槽。如果该段留得过长，一是会由于线对不再互绞而增加串扰，二是会由于水晶头不能压住护套而可能导致电缆从水晶头中脱出，造成线路的接触不良甚至中断。

　　裁剪后，应尽量把线缆按紧，并避免大幅度的移动或者弯曲网线，否则可能会导致几组已经排列且裁剪好的线缆出现不平整的情况。

　　(4)将整理好的线缆插入水晶头内

　　需要注意的是要将水晶头有塑料弹簧片的一面向下，有针脚的一方向上，使有针脚的一端指向远离自己的方向，有方型孔的一端对着自己。此时，最左边的是第 1 脚，最右边的是第 8 脚，如图 1-74 所示，其余依次按顺序排列。插入的时候需要注意缓缓地用力把 8 条线缆同时沿 RJ-45 头内的 8 个线槽插入，一直插到线槽的顶端，最后从水晶头的顶部检查，看看是否每一组线缆都紧紧地顶在水晶头的末端。

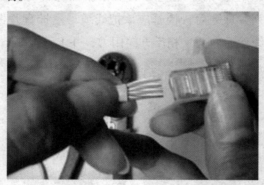

图 1-74　将整理好的线缆插入水晶头内

　　(5)用压线钳压实水晶头

　　确认无误之后就可以把水晶头插入压线钳的 8P 槽内压线了，如图 1-75 所示，把水晶头插入后，用力握紧线钳，若力气不够的话，可以使用双手一起压，这样压的过程使得水晶头凸在外面的针脚全部压入水晶头内，受力之后听到轻微的"啪"一声即可，压线之后水晶头凸出在外面的针脚全部压入水晶头内，而且水晶头下部的塑料扣位也压紧在网线的灰色保护层之上。

4. 信息模块压制

信息模块是信息插座中最重要的组成部分，也是双绞线终接需完成的工作之一。常见的信息模块有打线模块和免打线模块两种，打线模块打线时需要专门的打线工具，制作起来比较麻烦；免打线模块无须手工打线，只需把相应双绞线卡入相应位置，然后用手压即可。

图1-75　用压线钳压实水晶头

无论是哪种类型的信息模块，在其周围都会有 A、B 两种颜色色标，分别对应着 T568A 标准和 T568B 标准（如图 1-76 所示）。色标标注 8 个卡线槽或者插入孔所插入双绞线的颜色，施工时需根据布线工程的整体要求选择一种色标打线。

（1）打线型信息模块安装步骤

①将双绞线从信息插座底盒里抽出来，预留 30cm 的余量，剪去多余的线。用剥线工具或压线钳的刀具在离线头 5cm 处将双绞线的外护套剥去，如图 1-77 所示。

图1-76　信息模块

②重新制作线缆编号。双绞线在剪短时，往往将线头附近的线号标签一起剪去，为此需重新制作线号标签。由于端接在距线头处 5cm 以内，因此线号标签应放在距线头处 10cm 以外。由于这是正式保留的线号，因此根据标准，它应该使用能够保存 10 年以上的标签材料制作。

③剪去撕剥线，并把剥开双绞线线芯按线对分开，但先不要拆开各线对，如图 1-78 所示。在压制信息模块时，应尽量保

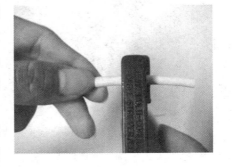

图1-77　剥除双绞线外护套

持线对的扭绞状态，通常，线对非扭绞状态应不大于13。

④确定双绞线的芯线位置。将双绞线平放在模块中间的走线槽上方（注意：是平行于走线槽，不是垂直于走线槽），旋转双绞线，使靠近模块走线槽底的两对芯线的颜色与模块上最靠近护套的色标一致（注意两对线之间不可交叉）。

图 1-78　将双绞线线芯分开

⑤将双绞线放入模块走线槽内。在确定双绞线芯线位置后，将双绞线放入模块中间的走线槽内，其护套边沿与模块边沿对齐，也可略深入模块内，但不可离模块边沿太远。

⑥将靠近护套边沿的两对线卡入打线槽内。由于靠近护套的两对打线槽与双绞线底部的两对线平行，因此可以将这两对线自然向外分，然后根据色谱用手压入打线槽内（注意：尽量不要改变芯线原有的绞距）。

⑦将远离护套边沿的两对线卡入打线槽内。前两对线刚好在护套边，因此基本上不需要考虑绞距。这两对线将远离护套，因此需将它自然地理直后，放到对应的打线槽旁，然后根据色谱用手压入打线槽内（注意：尽量不要改变芯线原有的绞距）。

⑧将 8 根双绞线全部打入打线槽内。在芯线全部用手压入对应的打线槽后，使用打线工具将线芯完全压入打线槽内。如果使用带刀的打线工具，可直接将多余的线芯压断，但需注意刀口的方向；如果使用不带刀的压线工具，则需在所有线芯完全压入打线槽后用电工刀或剪刀将多余线芯切断，如图 1-79 所示。

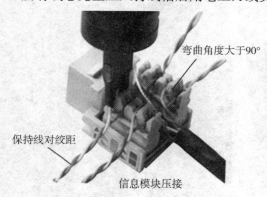

弯曲角度大于90°

线一定要卡进金属夹里

保持线对绞距

信息模块压接

把线多出的部分卡掉

图 1-79　压接信息模块

（2）免打线型信息模块安装

免打线型信息模块无需打线工具便能准确快速地完成端接，这种模块内没有打线柱，而是在模块的里面有两排各 4 个金属夹子，而锁扣机构集成的扣锁帽里，色标也标注在扣锁帽后端。

端接时，用剪刀裁出约 4cm 的线，按色标将线芯放进相应的槽位，扣上扣锁帽，再用钳子压一下扣锁帽即可。

5. 模块式快速配线架的端接

超 5 类数据配线架缆线压接有 EIA/TIA568A 和 EIA/TIA568B 两种标准。标准的选用一定要按设计标准进行，以保证配线架所采用的标准（通常为 EIA/TIA568B）与信息模块的安装标准一致。

模块式快速配线架又常分为固定模块式和可拆卸模块式两种，两种配线架的端接方式及步骤较为类似。

（1）固定式配线架端接

①在配线架的背面有色标指示标签，通过色标指示标签可了解每个打线槽所对应的双绞线的颜色。如果指示标签不明确，又或是没有指示标签，则需先压制一个配线架的端口，并用测试仪进行测试，以确定色标，如图 1-80 所示为配线架的背面。

②配线架端接前应从机柜进线处开始整理电缆，电缆沿机柜两侧整理至配线架处，使用绑扎带固定好电缆，一般 12 根电缆作为一组进行绑扎，将电缆摆放至配线架处。

③在机柜上安装好配线架，按设计的压接标准放置好色标索引条。先把 4 对对绞电缆从机柜底部牵引到 RJ-45 配

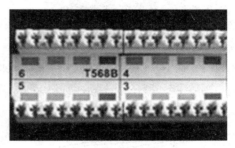

图 1-80　配线架背面

线模块上要端接的位置，每个配线模块布放 6 根，左边的缆线端接在配线模块的左半部分，右边的缆线端接在配线模块的右半部分。根据配线架各端口的位置，将过长的双绞线剪断，并在每条双绞线上贴好永久型标签，标签应放在距线头处 10cm 以外。

④用剥线工具或压线钳的刀具在离线头 5cm 处将双绞线的外护套剥去，剪去撕剥线。并把剥开双绞线线芯按线对分开，但先不要拆开各线对。

⑤根据标签色标排列顺序，将对应颜色的线对逐一压入槽内，要注意线对弯曲度大于 90°，并尽量保证每对线的绞距，不要将线对散开。检查线对是否安放正确，或是否变形。无误后使用打线工具固定线对连接，同时将伸出槽位外多余的导线截断。如图 1-81 所示为正在压制配线架。

⑥每完成 6 根 4 对对绞线的端接后，应该用尼龙扎带在本模块单元捆扎缆

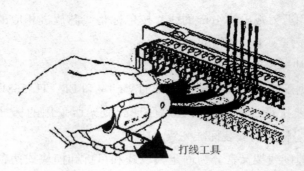

打线工具

图 1-81　压制配线架

图 1-82　捆扎好的机柜

线，整个配线架缆线端接完成后，应该在机柜左右两侧分别配对 12 根 4 对双绞电缆进行捆扎。如图 1-82 所示为捆扎好后的机柜。

⑦在配线架前端贴上或插入标签条。

（2）可拆卸模块式配线架端接

如图 1-83 所示为可拆卸模块式配线架，这种配线架端接要点与固定式相类似，其优点是模块可在配线架外打好后再插入配线架缺口中。

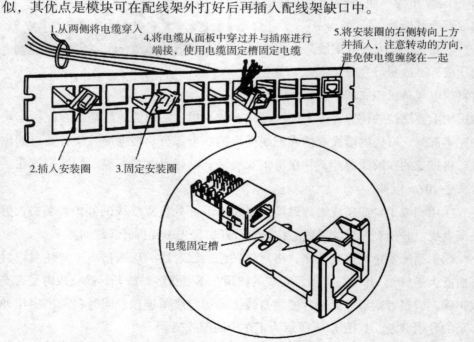

1.从两侧将电缆穿入

4.将电缆从面板中穿过并与插座进行端接，使用电缆固定槽固定电缆

5.将安装圈的右侧转向上方并插入，注意转动的方向，避免使电缆缠绕在一起

2.插入安装圈　3.固定安装圈

电缆固定槽

图 1-83　可拆卸模块式配线架

6. 110 型配线架的端接

（1）110 型配线架端接要求

110 型配线架主要用于语音配线子系统，主要是用于大对数双绞线之间的连接，必要时也可用 4 对双绞线在 110 型配线架中连接，无论 110 型配线架中端接何种双绞线，这些双绞线都只能用于语音信号传输，不能用于数据信号传输。

（2）110 型配线架端接方法（以 25 对双绞线为例）

①从机柜进线处开始整理电缆，电缆沿机柜两侧整理至配线架处，并留出大约 25cm 的大对数电缆。

②用电工刀或剪刀把大对数电缆的外皮剥去，用剪刀把撕剥绳剪掉，使用绑扎带固定好电缆，将电缆穿过 110 语音配线架左右两侧的进线孔，摆放至配线架打线处。

③按线缆主色对大对数分线原则进行分线，如图 1-84 所示。

④根据电缆色谱排列顺序，将对应

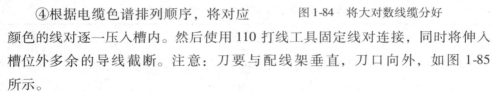

图 1-84　将大对数线缆分好

颜色的线对逐一压入槽内。然后使用 110 打线工具固定线对连接，同时将伸入槽位外多余的导线截断。注意：刀要与配线架垂直，刀口向外，如图 1-85 所示。

⑤然后准备 5 对打线工具和 110 连接块，连接块放入 5 对打线工具中，把连接块垂直压入槽内，如图 1-86 所示，并贴上编号标签。

图 1-85　压制 110 配线架

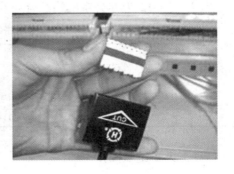

图 1-86　压制 110 连接块

任务实施

一、制定施工过程

根据 1-210 办公室网络综合布线工程施工特点，本工程施工分以下几个阶段进行：

(1)准备所需材料和工具。

(2)检验材料和工具。

(3)安装机柜。

(4)安装室内 PVC 线槽。

(5)安装插座底盒。

(6)铺设水平 UTP 线缆(做临时标记)。

(7)安装工作区模块面板(制作永久标签)。

(8)管理间配线架线缆端接。

二、施工工具准备

(1)表 1-11 中为办公室网络综合布线工具，管槽安装工具主要用于机柜、线槽、信息插座的安装。

表 1-11　办公室网络综合布线工具表

序号	工具名称	数量
1	冲击电钻	1 把
2	电工用普通组合工具(虎钳、扳手、螺丝刀等)	1 套
3	人字梯	1 个
4	安全帽、劳保用品	2 套
5	电源线盘	1 个

(2)表 1-12 为办公室网络综合布线双绞线端接工具。

表 1-12　办公室网络综合布线双绞线端接工具

序号	工具名称	数量
1	剥线钳	2 把
2	压线钳	2 把
3	打线工具	2 把

三、人员组织安排

1-210 办公室网络综合布线施工人员由 1 组施工队组成，施工队 2 人为一组，队长负责施工过程的相关工作。

四、施工工具及材料存放

施工工具及材料准备好后直接存放在 1-210 办公室。

五、工程项目的组织协调

（1）与客户方商讨的施工时间为：2013 年 2 月 23 日至 2 月 26 日，共 4 天。

（2）施工时间为：每天上午 8：00 至 11：30，下午 14：00 至 17：30。

（3）由客户方责人每天开关门，施工方不保管办公室门钥匙，要求一方人员来了之后另一方人员才能离开。

（4）由施工队长与客户方负责协商调整施工时遇到的问题与矛盾。

六、制订施工进度计划

施工进度计划如表 1-13 所示，施工队需严格按照施工进度计划表的要求完成各阶段的施工。

表 1-13　办公室网络综合布线系统施工进度计划表

工程名称：1-210 办公室综合布线系统工程

序号	任务名称	2013 年 2 月 23 日至 2 月 26 日			
		2 月			
		1	2	3	4
1	施工材料进场	▭			
2	施工工具进场	▭			
3	熟悉项目设计和图纸	▭			
4	施工材料检验	▭			
5	施工工具检验	▭			
6	安装机柜	▭			
7	安装 PVC 线槽底槽	▭			
8	安装信息插座底盒		▭		
9	布放双绞线		▭		
10	端接信息模块			▭	
11	端接配线架			▭	
12	制作跳线			▭	
13	制作永久型标签				▭
14	系统测试				▭
15	系统验收				▭

七、PVC 线槽安装要求

（1）线槽安装应根据设计进行，横平竖直，不得随意更改线路，如需更改需先与设计人员及客户方负责人共同商议后才能进行，并需留档保存。

（2）固定槽时每隔 1m 左右安装固定点，距离线槽末端与转角 10cm 需另外安装固定点。

（3）线槽固定点采用先打塑料膨胀钉再扭螺钉固定方式。

（4）30mm×25mm 规格的 PVC 线槽，一个固定点应有 2 个固定螺钉，并水平排列。

（5）60mm×30mm 规格的 PVC 线槽，一个固定点应有 4 个固定螺钉，并呈梯形状排列。

（6）4 号地面 PVC 线槽，一个固定点应有 2 个固定螺钉，并水平排列。

（7）PVC 线槽连接处与转角连接处不能有间隙。

八、机柜安装要求

（1）机柜安装在距离地面 2.5m，距离门侧墙面 1.2m 处。

（2）机柜应与地面垂直，其前后左右的垂直偏差度不应大于 3。

（3）机柜及其内部设备上的各种零件不应脱落或碰坏，表面漆面不应有脱落及划痕，如果进行补漆，其颜色应与原来漆色协调一致。

九、插座底盒安装要求

（1）插座底座的固定点采用先打塑料膨胀钉再扭螺钉固定方式。

（2）插座底座的 4 个固定点都必须安装固定螺钉。

十、布放双绞线线缆要求

（1）先将线缆从线箱中拉出，在地上整理好后，再放入线槽中，在拉线缆时应慢速而又平稳地拉线，在机箱上做好放线记录，在线缆上做好临时标签。

（2）线缆的布放应平直，不得产生扭绞、打圈等现象，不应受到外力的挤压和损伤。

（3）线缆布放时应有冗余，机柜中线缆预留 2m，信息插座端线缆预留 0.5m。

十一、双绞线端接要求

（1）统一采用 EIA/TIA.568B 类标准端接双绞线与制作跳线。

（2）端接点应牢固可靠。

（3）端接时应保留线缆临时标签，如果标签被除去，应重新制作临时标签。

（4）每个端接点根据需要预留合适的线缆长度。

（5）端接工作完成后需及时贴上永久型标签。

学习任务五　测试验收办公室网络综合布线

任务描述

为了检验施工质量，刘经理要亲自对办公室网络综合布线系统进行测试验收，请你协助刘经理，完成测试验收工作。

任务分析

测试验收是网络综合布线系统工程中非常重要的部分，只有通过测试验收，网络综合布线系统才能体现出可靠性。可根据网络综合布线系统的规模、客户要求等方面来确定测试验收的项目和规模，通常情况下，办公室网络综合布线系统测试验收的项目较少。1-210办公室网络综合布线系统测试验收应至少包含以下几个方面：

（1）测试验收计划。

（2）测试结果。

（3）测试不合格处理结果。

（4）验收表格。

知识准备

一、进行网络综合布线系统测试

1. 测试概述

网络综合布线系统是计算机网络系统的中枢神经，实践证明，当计算机网络系统发生故障时，70%是网络综合布线的质量问题。网络综合布线工程的质量必须通过科学合理的设计、选择优质的布线器材和优质的施工质量3个环节来保证。工程完工后，通过网络综合布线系统测试对布线链路整体性能进行检测。

然而在实际工作中，人们往往对设计指标、设计方案非常关心，却对施工质量掉以轻心，忽略线缆测试这一重要环节，验收过程走过场，造成很多布线系统的工程质量问题，等到工程验收的时候，发现问题累累，方才意识到测试的必要性，所以在布线工程完工后测试是非常必要的。

2. 测试类型

网络综合布线的测试类型一般分为验证测试和认证测试。

（1）验证测试

验证测试又称随工测试，是边施工边测试，主要检测线缆的质量和安装工艺，及时发现并纠正问题，不至于等到工程完工时因发现问题而重新返工，耗费不必要的人力、物力和财力。验证测试不需要使用复杂的测试仪，只需要使用能测试接线通断和线缆长度的测试仪（验证测试并不测试电缆的电气指标）。在工程竣工检查中，信息链路不通、短路、反接、线对交叉、链路超长等问题占整个工程质量问题的80%，这些问题在施工初期通过重新端接、调换线缆、修正布线路由等措施比较容易解决，而到了工程完工验收阶段，出现这些问题解决起来就比较困难了。

（2）认证测试

又称为竣工测试、验收测试，是所有测试工作中最重要的环节，是在工程验收时对网络综合布线系统的安装、电气特性、传输性能、设计、选材和施工质量的全面检验。网络综合布线系统的性能不仅取决于网络综合布线系统方案设计、施工工艺，同时取决于在工程中所选的器材的质量。认证测试是检验工程设计水平和工程质量的总体水平，所以对于网络综合布线系统必须要求进行认证测试。

3. 验证测试仪表

验证测试仪表具有最基本的连通性测试功能，主要检测线缆通断、短路、线对交叉等接线的故障。有些验证测试仪还有其他一些附加功能，例如用于测试线缆长度或对故障定位的 TDR（时域反射）技术。下面介绍4种典型的验证测试仪表。

（1）简易布线通断测试仪

简易布线通断测试仪（如图1-87所示），是最简单的电缆通断测试仪，包括主机和远端机。测试时，线缆两端分别连接到主机和

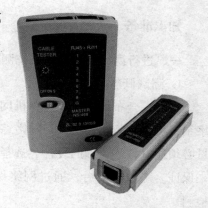

图1-87　简易布线通断测试仪

远端机上，根据显示灯的闪烁次序就能判断双绞线8芯线的通断情况，但不能确定故障点的位置。

（2）电缆线序检测仪（Micro Mapper）

电缆线序检测仪（Micro Mapper）如图 1-88 所示，是小型手持式验证测试仪，可以方便地验证双绞线电缆的连通性，包括检测开路、短路、跨接、反接和串扰等问题。只需按动测试（TEST）按键，线序仪就可以自动地扫描所有线对并发现所有存在的电缆问题。当与音频探头（Micro Probe）配合使用时，Micro Mapper 内置的音频发生器可追踪到穿过墙、地板、天花板的电缆。线序仪还配一个远端，因此一个人就可以方便地完成电缆和用户跳线的测试。

图 1-88　电缆线序检测仪

（3）电缆验证仪（Micro Scanner Pro）

电缆验证仪（Micro Scanner Pro）如图 1-89 所示，是一个功能强大、专为防止和解决电缆安装问题而设计的工具，它可以检测电缆的通断、电缆的连接线序、电缆故障的位置，从而节省了安装的时间和成本。Micro Scanner Pro 可以测试同轴线（RG59 等 CATV/CCTV 电缆）以及双绞线（UTP/STP/ScTP），并可诊断其他类型的电缆，例如语音传输电缆、网络安全电缆或电话线。它产生 4 种音调来确定在墙壁中、天花板上或配线间中电缆的位置。

图 1-89　电缆验证仪

（4）FLUKE620

FLUKE620 是一种单端电缆测试仪。进行电缆测试时不需在电缆的另外一端连接远端单元即可进行电缆的通断、距离、串绕等测试。这样不必等到电缆全部安装完毕就可以开始测试，发现故障可以立即得到纠正，省时又省力。使用远端单元还可以查出接线错误和电缆的走向等问题。

4. 简易布线通断测试仪使用方法

（1）简易布线通断测试仪的结构如图 1-90 所示。

（2）使用方法

将网线两端的水晶头分别插入主测试仪和远程测试端的 RJ-45 端口，将开关拨到"ON"（S 为慢速挡），这时主测试仪和远程测试端的指示头会逐个闪亮。根据指示灯的闪烁次序就能判断双绞线 8 芯线的通断情况，以及有无接错线对。

（3）测试现象分析

①直通连线的测试：测试直通连线时，主测试仪的指示灯应该从 1 到 8 逐

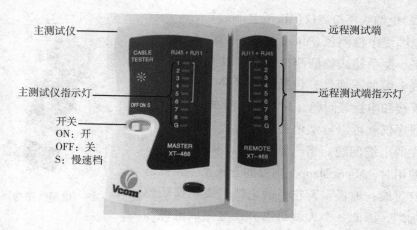

图 1-90　测试仪结构图

个顺序闪亮，而远程测试端的指示灯也应该从 1 到 8 逐个顺序闪亮。如果是这种现象，说明直通线的连通性没问题，否则就得重做。

②交叉线连线的测试：测试交错连线时，主测试仪的指示灯也应该从 1 到 8 逐个顺序闪亮，而远程测试端的指示灯应该是按着 3、6、1、4、5、2、7、8 的顺序逐个闪亮。如果是这样，说明交错连线连通性没问题，否则就得重做。

③若网线两端的线序不正确时：主测试仪的指示灯仍然从 1 到 8 逐个闪亮，而远程测试端的指示灯将不能按着顺序闪亮。

④导线断路测试的现象时：测试仪上相对应的几个指示灯不亮。

⑤当出现短路时：主测试仪显示不变，而远程测试端短路的线对应的灯都亮。

二、进行网络综合布线系统验收

网络综合布线系统工程经过设计、施工阶段最后进入测试、验收阶段，工程验收全面考核工程的建设工作，检验设计质量和工程质量，是施工单位向用户移交的正式手续。

网络综合布线系统工程验收是一个系统性的工作，主要包括前面介绍的链路连通性、电气和物理特性测试，还包括施工环境、工程器材、设备安装、线缆敷设、线缆终接、竣工验收技术文档等。

1. 验收的依据和标准

目前，国内网络综合布线系统工程的验收应按照以下原则来实行：

①网络综合布线系统工程的验收首先必须以工程合同、设计方案、设计修改变更单为依据。

②布线链路性能测试应符合国家标准《网络综合布线系统工程验收规范》（GB 50312—2007），按国家标准 GB 50312—2007 验收，也可按照 EIA/TIA568B 和 ISO/IEC11801.2002 标准进行。

③网络综合布线系统工程验收主要参照国家标准 GB 50312—2007 中描述的项目和测试过程进行。

④工程技术文件、承包合同文件要求采用国际标准时，应按相应的标准验收，但不应低于国家标准 GB 50312—2007 的规定。

2. 验收组织

按网络综合布线行业的国际惯例，大中型网络综合布线工程主要是由中立的有资质的第三方服务提供商来提供测试验收服务。

目前国内有以下几种情况：

①施工单位自己组织验收；

②施工监理机构组织验收；

③第三方测试机构组织验收，又分为两种情况：质量监察部门提供验收服务和第三方测认证服务提供商提供验收服务。

3. 验收阶段

对网络综合布线系统工程的验收工作贯穿于整个工程的施工过程，包括施工前检查、随工验收、初步验收和竣工验收等几个阶段，每一阶段都有其特定的内容。

①开工前检查。工程验收从工程开工之日起就开始了，从对工程材料的验收开始，严把产品质量关，保证工程质量。开工前检查包括设备材料检验和环境检查。设备材料检查包括检查产品的规格、数量、型号是否符合设计要求，检查线缆外护套有无破损，抽查线缆的电气性能指标是否符合技术规范。环境检查包括检查土建施工情况，包括地面、墙面、门、电源插座及接地装置、机房面积、预留孔洞等环境。

②随工验收。在工程中为随时考核施工单位的施工水平和施工质量，了解产品的整体技术指标和质量，部分验收工作应该在随工中进行(比如布线系统的电气性能测试工作、隐蔽工程等)。这样可以及早地发现工程质量问题，避免造成人力和器材的大量浪费。随工验收应对工程的隐蔽部分边施工边验收，在竣工验收时，一般不再对隐蔽工程进行复查。由工地代表和质量监督员负责。

③初步验收。所有的新建、扩建和改建项目，都应在完成施工调试之后进行初步验收。初步验收的时间应在原定计划的建设工期内进行，由建设单位组织相关单位(如设计、施工、监理、使用等单位人员)参加。初步验收工作包括

检查工程质量，审查竣工材料，对发现的问题提出处理意见，并组织相关责任单位落实解决。

④竣工验收。网络综合布线系统接入电话交换系统、计算机局域网或其他弱电系统，在试运转后的半个月内，由建设单位向上级主管部门报送竣工报告（含工程的初步决算及试运行报告），并请示主管部门接到报告后，组织相关部门按竣工验收办法对工程进行验收。

4. 验收内容

（1）设备安装验收：

机柜、机架安装应符合下列要求：

①机柜、机架安装位置应符合设计要求，垂直偏差度不应大于3°。

②机柜、机架上的各种零件不得脱落或碰坏，漆面不应有脱落及划痕，各种标志应完整、清晰。

③机柜、机架、配线设备箱体、电缆桥架及线槽等设备的安装应牢固，如有抗震要求，应按抗震设计进行加固。

各类配线部件安装应符合下列要求：

①各部件应完整，安装就位，标志齐全。

②安装螺丝必须拧紧，面板应保持在一个平面上。

信息插座模块安装应符合下列要求：

①信息插座模块、多用户信息插座、集合点配线模块安装位置和高度应符合设计要求。

②安装在活动地板内或地面上时，应固定在接线盒内，插座面板采用直立和水平等形式；接线盒盖可开启，并应具有防水、防尘、抗压功能。接线盒盖面应与地面齐平。

③信息插座底盒同时安装信息插座模块和电源插座时，间距及采取的防护措施应符合设计要求。

④信息插座模块明装底盒的固定方法根据施工现场条件而定。

⑤固定螺丝需拧紧，不应产生松动现象。

⑥各种插座面板应有标识，以颜色、图形、文字表示所接终端设备业务类型。

⑦工作区内终接光缆的光纤连接器件及适配器安装底盒应具有足够的空间，并应符合设计要求。

电缆桥架及线槽的安装应符合下列要求：

①桥架及线槽的安装位置应符合施工图要求，左右偏差不应超过5°。

②桥架及线槽水平度每米偏差不应超过2°。

③垂直桥架及线槽应与地面保持垂直，垂直度偏差不应超过3°。

④线槽截断处及两线槽拼接处应平滑、无毛刺。

⑤吊架和支架安装应保持垂直，整齐牢固，无歪斜现象。

⑥金属桥架、线槽及金属管各段之间应保持连接良好，安装牢固。

⑦采用吊顶支撑柱布放缆线时，支撑点宜避开地面沟槽和线槽位置，支撑应牢固。

安装机柜、机架、配线设备屏蔽层及金属管、线槽、桥架使用的接地体应符合设计要求，就近接地，并应保持良好的电气连接。

（2）缆线敷设的验收

缆线敷设应满足下列要求：

①缆线的型号、规格应与设计规定相符。

②缆线在各种环境中的敷设方式、布放间距均应符合设计要求。

③缆线的布放应自然平直，不得产生扭绞、打圈、接头等现象，不应受外力的挤压和损伤。

④缆线两端应贴有标签，应标明编号，标签书写应清晰、端正和正确。标签应选用不易损坏的材料。

⑤缆线应有余量以适应终接、检测和变更。对绞电缆预留长度：在工作区宜为3~6cm，电信间宜为0.5~2m，设备间宜为3~5m；光缆布放路由宜盘留，预留长度宜为3~5m，有特殊要求的应按设计要求预留长度。

⑥缆线的弯曲半径应符合下列规定：

非屏蔽4对对绞电缆的弯曲半径应至少为电缆外径的4倍；屏蔽4对对绞电缆的弯曲半径应至少为电缆外径的8倍；主干对绞电缆的弯曲半径应至少为电缆外径的10倍；2芯或4芯水平光缆的弯曲半径应大于25mm；其他芯数的水平光缆、主干光缆和室外光缆的弯曲半径应至少为光缆外径的10倍。

⑦缆线间的最小净距应符合设计要求。

⑧屏蔽电缆的屏蔽层端接应保持完好的导通性。

（3）线缆端接验收

缆线终接应符合下列要求：

①缆线在端接前，必须核对缆线标识内容是否正确。

②缆线中间不应有接头。

③缆线端接处必须牢固、接触良好。

④对绞电缆与连接器件连接应认准线号、线位色标，不得颠倒和错接。

双绞线电缆端接应符合下列要求：

①端接时，每对双绞线应保持扭绞状态，扭绞松开长度对于 3 类电缆不应大于 75mm；对于 5 类电缆不应大于 13mm；对于 6 类电缆应尽量保持扭绞状态，减小扭绞松开长度。

②双绞线与 8 位模块式通用插座相连时，必须按色标和线对顺序进行卡接。插座类型、色标和编号应符合 EIA/TIA568A 和 EIA/TIA568B 标准中的规定。两种连接方式均可采用，但在同一布线工程中两种连接方式不应混合使用。

③7 类布线系统采用非 RJ-45 方式终接时，连接图应符合相关标准规定。

④屏蔽对绞电缆的屏蔽层与连接器件端接处屏蔽罩应通过紧固器件可靠接触，缆线屏蔽层应与连接器件屏蔽罩 360°圆周接触，接触长度不宜小于 10mm 屏蔽层不应用于受力的场合。

⑤对不同的屏蔽双绞线或屏蔽电缆，屏蔽层应采用不同的端接方法。应对编织层或金属箔与汇流导线进行有效的端接。

⑥每个 2 口面板底盒宜终接 2 条对绞电缆。

（4）管理系统验收

网络综合布线管理系统宜满足下列要求：

①管理系统级别的选择应符合设计要求。

②需要管理的每个组成部分均设置标签，并由唯一的标识符进行表示，标识符与标签的设置应符合设计要求。

③管理系统的记录文档应详细完整并汉化，包括每个标识符相关信息、记录、报告、图纸等。

④不同级别的管理系统可采用通用电子表格、专用管理软件或电子配线设备等进行维护管理。

网络综合布线管理系统的标识符与标签的设置应符合下列要求：

①标识符应包括安装场地、缆线终端位置、缆线管道、水平链路、主干缆线、连接器件、接地等类型的专用标识，系统中每一组件应指定一个唯一标识符。

②电信间、设备间、进线间所设置配线设备及信息点处均应设置标签。

③每根缆线应指定专用标识符，标在缆线的护套上或在距每一端护套 300mm 内设置标签，缆线的终接点应设置标签标记指定的专用标识符。

④接地体和接地导线应指定专用标识符，标签应设置在靠近导线和接地体

的连接处的明显部位。

⑤根据设置的部位不同，可使用粘贴型、插入型或其他类型标签。标签表示内容应清晰，材质应符合工程应用环境要求，具有耐磨、抗恶劣环境、附着力强等性能。

⑥终接色标应符合缆线的布放要求，缆线两端终接点的色标颜色应一致。

网络综合布线系统各个组成部分的管理信息记录和报告，应包括如下内容：

①记录应包括管道、缆线、连接器件及连接位置、接地等内容，各部分记录中应包括相应的标识符、类型、状态、位置等信息。

②报告应包括管道、安装场地、缆线、接地系统等内容，各部分报告中应包括相应的记录。

网络综合布线系统工程如采用布线工程管理软件和电子配线设备组成的系统进行管理和维护工作，应按专项系统工程进行验收。

5. 竣工技术文档

工程竣工后，施工单位应在工程验收以前，将工程竣工技术资料交给建设单位。竣工技术文件要保证质量，做到文字表达条理清楚，外观整洁，内容齐全，图表内容清晰，数据准确，不应有互相矛盾、彼此脱节、错误和遗漏等现象。竣工技术文件通常为一式三份，如有多个单位需要时，可适当增加份数。

竣工技术文件按下列内容进行编制。

（1）安装工程量。

（2）工程说明。

（3）设备、器材明细表。

（4）竣工图纸。

（5）测试记录（宜采用中文表示）。

（6）工程变更、检查记录及施工过程中，需更改设计或采取相关措施，建设、设计、施工等单位之间的双方洽商记录。

（7）随工验收记录。

（8）隐蔽工程签证。

（9）工程决算。

6. 竣工验收合格判定

（1）系统工程安装质量检查，各项指标符合设计要求，则被检项目检查结果为合格；被检项目的合格率为100%，则工程安装质量合格。

（2）系统性能检测中，双绞线电缆布线链路、光纤信道应全部检测，竣工验收需要抽验时，抽样比例不低于10%，抽样点应包括最远布线点。

（3）系统性能检测单项合格判定：

①如果被测项目的技术参数测试结果不合格，则该项目判为不合格。如果某一被测项目的检测结果与相应规定的差值在仪表准确度范围内，则该被测项目应判为合格。

②如果采用4对双绞线电缆作为水平电缆或主干电缆，所组成的链路或信道有一项指标测试结果不合格，则该水平链路、信道或主干链路判为不合格。

③主干布线大对数电缆中按4对双绞线对测试，指标有一项不合格，则判为不合格。

④双绞线电缆布线抽样检测时，被抽样检测点（线对）不合格比例不大于被测总数的1%，则视为抽样检测通过，不合格点（线对）应予以修复并复检。被抽样检测点（线对）不合格比例如果大于1%，则视为一次抽样检测未通过，应进行加倍抽样，加倍抽样不合格比例不大于1%，则视为抽样检测通过。若不合格比例仍大于1%，则视为抽样检测不通过，应进行全部检测，并按全部检测要求进行判定。

⑤网络综合布线管理系统检测，标签和标识按10%抽检，系统软件功能全部检测。检测结果符合设计要求，则判为合格。

⑥未通过检测的链路、信道的电缆线对或光纤信道可在修复后复检。

双绞线电缆布线全部检测时，无法修复的链路、信道或不合格线对数量有一项超过被测总数的1%，则判为不合格。

光缆布线检测时，如果系统中有一条光纤信道无法修复，则判为不合格。

⑦全部检测或抽样检测的结论为合格，则竣工检测的最后结论为合格；全部检测的结论为不合格，则竣工检测的最后结论为不合格。

任务实施

一、水平线路测试

（1）测试类型：对1-210办公室进行连通性测试。

（2）测试仪器：连通性测试仪。

（3）测试范围：从机柜配线架至信息插座，以及各跳线测试。

（4）测试连接线：选用2条自制跳线，经测试无误后在测试中使用。

（5）测试结果不通过需及时整改，整改后重新测试。

（6）因1-210办公室网络综合布线系统规模较少，应对所有线缆进行测试。

二、测试结果

1-210 办公室网络综合布线系统测试结果见表 1-14。

表 1-14　1-210 办公室网络综合布线系统测试记录

项目名称	1-210 办公室网络综合布线系统		
线缆类型	超 5 类非屏蔽双绞线	接线标准	EIA/TIA. 568B
测试仪器	连通性测试仪	测试时间	2013 年 2 月 26 日
测试范围	配线子系统机柜配线架至信息插座		
线缆编号	测试结果	故障描述	备注
P. 01	通过	无	
P. 02	通过	无	
P. 03	未通过	4、5 号灯交叉亮	
P. 04	通过	无	
P. 05	通过	无	
P. 06	通过	无	
P. 07	通过	无	
P. 08	通过	无	
P. 09	通过	无	
P. 10	未通过	1、3 号灯交叉亮	
P. 11	通过	无	
P. 12	通过	无	
P. 13	通过	无	
P. 14	通过	无	
P. 15	未通过	6 号灯不亮	

三、处理结果

1-210 办公室网络综合布线系统测试处理结果见表 1-15。

表 1-15　1-210 办公室网络综合布线系统测试未通过修复记录表

项目名称	1-210 办公室网络综合布线系统			
故障修复次数	第 1 次	故障修复日期	2015 年 3 月 26 日	
线缆编号	故障描述	修复方法	测试结果	备注
P. 03	4、5 号灯交叉亮	重新端接该端口配线架模块	通过	
P. 10	1、3 号灯交叉亮	重新端接该端口信息插座模块	通过	
P. 15	6 号灯不亮	重新端接该端口配线架模块	通过	

四、验收要求

（1）验收人员。由客户方指派技术人员与施工方验收人员共同验收。

（2）验收记录表，见表 1-16。

表 1-16 验收记录表

项目名称		1-210 办公室网络综合布线系统		
施工单位	××网络工程公司	施工负责人	张三	
	检测项目		检查评定记录	备注
1	缆线终接		合格	执行 GB/T 50312 中第 6.0.1 条的规定
2	各类跳线的终接		合格	执行 GB/T 50312 中第 6.0.4 条的规定
3	机柜安装	垂直小于 3mm	合格	执行 GB/T 50312 中第 4.0.1、4.0.2、4.0.4、4.0.5 条的规定
		设备底座	合格	
		部件	合格	
4	配线架的安装	紧固状况	合格	
5	线槽安装	位置	合格	
		线槽连接	合格	
6	信息插座的安装		合格	执行 GB/T 50312 中第 4.0.3 条的规定
7	标签管理		合格	执行 GB/T 50312 中第 8.0.1、8.0.2、8.0.3 条的规定

验收结果：

施工单位(检测)负责人：(签字)

年   月   日

知识拓展：电子配线架

近年来，熟悉布线的人们越来越多地会谈论到电子配线架。可是只要稍微深入地讨论这个话题就会发现，电子配线架的发展与应用中有很多误解和疑惑。我觉得有必要对这些误解与疑惑加以澄清，以便大家能更好地理解和用好电子配线架。

一、什么是电子配线架

"电子配线架"一词是国内业界的一个约定俗成叫法，翻译成英文为

"e. Panel"。但国外一般都把电子配线架称为某某"智能"或"管理"系统。虽然现在对电子配线架还没有统一的定义，但一般来说专家们都普遍地认为电子配线架应该具有以下基本功能：

①引导跳线，其中包括用 LED 灯引导的，显示屏文字引导以及声音和机柜顶灯引导等方式；

②实时记录跳线操作，形成日志文档；

③以数据库方式保存所有链路信息；

④以 Web 方式远程登陆系统。

二、电子配线架的原理

1. 普通电子配线架

发明电子配线架的初衷就是要帮助网管管理配线架。普通电子配线架存在的问题是什么？先罗列一下一般跳接的过程：

①如果要跳线，先要去查文档，找到要跳接的端口位置，哪个配线架、哪行、哪列；

②按照查到的数据，走到配线架旁边去跳接；

③跳接好后要验证一下网络链路是否畅通；

④确认无误后，要做跳接记录，更新数据库。

在上述的过程中前三个是必须进行的过程，最后一个过程虽然重要但是经常被忽视。有很多单位的网管觉得反正网络通了就行了，懒得再去做记录。这样做的结果经常是一旦这个网管离职，链路关系数据库就没人能弄明白了。

2. 电子配线架的探测

电子配线架的第一个任务，也是最核心的功能就是全监视。只要有人动跳线，电子配线架就能马上探测到，并把新的链接关系自动地记录下来并更新到链接数据库里，目前市面上主要有两种方式来完成这种探测。

①第一种是碰触式探测，这种方法是在电子配线架上的 RJ-45 模块上安装一个碰触开关，一旦跳线插到模块里就会碰触到这个开关。开关通过电路会通知系统，该模块有跳线插进来了。

②另一种方法比较复杂，称之为第 9 针式探测。这种方法是在普通的 8 芯跳线里加上一芯线，两边的水晶头也从 8 针变为 9 针。当水晶头插到模块里以后，普通 8 芯线接通的同时，第 9 芯也接通了。第 9 芯线通知系统整个跳线接通了。

可以看出，这两种方法有本质的不同，碰触方式只能判断某个模块插进跳线，而不能判断跳线的另一头是否也插进了另一个模块，更不能知晓是插在哪个模块上了。而第 9 芯方式是线路式探测，可以探测整个跳线的连通状态。跳线的两端插没插好，插在哪两个模块上都一清二楚。

3. 电子配线架的连接方式

电子配线架还分单配线架方式和双配线架方式：

①单配线架方式，如图 1-91 所示，和普通的配线架方式一样，水平线缆打接到电子配线架上，交换机一端不接配线架，跳线直接往交换机上插。单配线架方式的电子配线架只能用碰触式探测。跳线的一头插在有碰触开关的配线架上，该端系统是可以探测的。而跳线的另一头是插在交换机上，交换机的端口上没有碰触开关。所以单配线架方式的电子配线架对交换机一端无法探测，一旦交换机一端有跳线操作，就要用手工更新链路数据库。

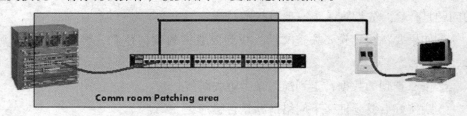

图 1-91　单配线架方式

②双配线架方式，如图 1-92 所示，它把水平线缆和交换机都各自地引到一个配线架上，英文的描述很形象叫"double representative"即"双代表"，就是说水平线缆和交换机都有配线架来"代表"。中文称"映射"，即所有水平线缆所连接的各个工作区端口都在水平配线架上有个映射，而所有交换机的端口都在交换机的配线架上有个映射。如果跳线再用上 9 芯跳线，就可以实现真正意义上的全监视。跳线的任何一端，在电子配线架上的拔下或插上动作，系统都可以马上探测到。

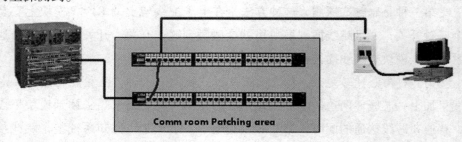

图 1-92　双配线架方式

三、电子配线架的软件

电子配线架的软件现在发展的也是五花八门，有的已经超出布线管理的范畴，有点网络管理的味道了。比如现在几种电子配线架软件都有网络安全管理功能，凡是接到网络里的电脑都会被侦测到，电子配线架软件系统会查到这个电脑的 Mac 地址有没有注册过，如果没有注册过就认为这是个非法接入的电脑而报警。其实这个功能一般网管软件也可以实现，但是网管软件探测的是对应交换机的某个端口，而不是某个工作区的物理位置。要查到交换机的这个端口连接的是哪个工作区的位置就要查链路数据库了。如果没有电子配线架系统，这个链路数据库的可靠性就非常重要，或者说网管是不是个勤快的人就很重要，如果跳了线以后没有及时更新数据库，网管软件即使报了警，从交换机端口也查不到非法接入电脑的工作区位置。

而电子配线架就不一样了，如果是双配线架系统，无论你怎么跳线，链路数据库都能即刻把数据库更新。有了非法接入，从交换机的端口顺着链路关系，直接就能找到非法接入的电脑位置了。由此也可以看出，电子配线架的真正意义就在于全自动监视跳线操作，实时更新链路数据库。如果没有以上两条，而仅仅引导一下跳线就很难称之为电子配线架。

说到软件还应该谈谈电子配线架的智能功能，现在采用 iTracs 技术的安普、西蒙以及采用以色列技术的 OEM 厂商都能提供一种叫 provisioning 的功能。

为什么要跳线？就是因为网络上的设备有变化，比如要挪动一台计算机，要增加个网络打印机，要增加个服务器、路由器等等。Provisioning 的功能就是让你通过最简单的方式，比如动动鼠标就把这种变化告诉电子配线架系统，而剩下的事儿就让系统来完成了。例如，若把 201 房间的 PC 机挪到 305 房间，在 Provisioning 软件上你只要把 201 上面的 PC 图标拖到 305 房间去就行了。

至于添加服务器、路由器等网络设备，Provisioning 的智能化程度更高，它可以根据网络设备的品牌型号来为你建议所添加设备应该放在哪个机架的哪个位置，并考虑好电源、散热、机架空间等因素。这种功能对数据中心非常有意义。

常见试题

一、填空题

1. 网络综合布线是一种_____、_____极高的建筑物内或建筑群之间的信息传输通道。

2. 网络综合布线系统一般逻辑性地分为＿＿＿＿＿＿、＿＿＿＿＿＿、＿＿＿＿＿＿、＿＿＿＿＿＿、＿＿＿＿＿＿、＿＿＿＿＿＿、＿＿＿＿＿＿7个子系统，他们相对独立，形成具有各自模块化功能的子系统，成为一个有机的整体布线系统。

3. 网络综合布线系统的特点主要有＿＿＿＿＿＿、＿＿＿＿＿＿、＿＿＿＿＿＿、＿＿＿＿＿＿、＿＿＿＿＿＿。

4. 在网络综合布线系统工程的规划和设计之前，必须对用户信息需求进行＿＿＿＿＿＿和＿＿＿＿＿＿，这也是建设规划、工程设计和以后维护管理的重要依据之一。

5. 问卷调查是通过请用户填写问卷获取＿＿＿＿＿＿的一项很好的选择，但最终还是要建立在＿＿＿＿＿＿和＿＿＿＿＿＿的基础上。

6. 计算机网络系统中常用的4对电缆有四种本色：＿＿＿＿＿＿、＿＿＿＿＿＿、＿＿＿＿＿＿、＿＿＿＿＿＿。

7. 双绞线电缆是网络综合布线系统工程中最常用的＿＿＿＿＿＿介质。

8. 交叉线在制作时两端RJ-45水晶头的第＿＿＿＿＿＿线和第＿＿＿＿＿＿线应对调。即两端RJ-45水晶头制作时，一端采用＿＿＿＿＿＿标准，另一端采用＿＿＿＿＿＿标准。

9. 双绞线按传输特性来分现有＿＿＿＿＿＿、＿＿＿＿＿＿、＿＿＿＿＿＿、＿＿＿＿＿＿、＿＿＿＿＿＿、＿＿＿＿＿＿、＿＿＿＿＿＿等7类。

10. 在安装PVC线槽采用托架时，一般在＿＿＿＿＿＿m左右安装一个托架。固定槽时一般＿＿＿＿＿＿m左右安装固定点。

11. 如果暗管外径大于50mm时，转弯的＿＿＿＿＿＿不应小于＿＿＿＿＿＿倍。

12. 常见的水平布线安装系统有＿＿＿＿＿＿与＿＿＿＿＿＿两大类。

13. 在网络综合布线竣工验收系统性能检测中，双绞线电缆布线链路、光纤信道应全部检测，竣工验收需要抽验时，抽样比例不低于＿＿＿＿＿＿，抽样点应包括＿＿＿＿＿＿。

14. 电缆验证仪（Micro Scanner Pro），是一个功能强大、专为防止和解决电缆安装问题而设计的工具，它可以检测电缆的通断、＿＿＿＿＿＿、电缆故障的＿＿＿＿＿＿，从而节省了安装的时间和金钱。

15. 第三方测试机构组织验收可分为：＿＿＿＿＿＿提供验收服务和＿＿＿＿＿＿服务

二、选择题

1. 网络综合布线系统的拓扑结构一般为（　　　）。

A. 总线型拓扑结构　　　　　　B. 星形拓扑结构

C. 环形拓扑结构　　　　　　　D. 树形拓扑结构

2. 在网络综合布线中，一个独立的需要设置终端设备的区域称为一个（　　　）。

A. 管理间　　　　　　　　　　B. 设备间

C. 总线间　　　　　　　　　　D. 工作区

3. 下列哪项不是网络综合布线系统工程中，用户需求分析必须遵循的基本要求。（　　　）

A. 确定工作区数量和性质　　B. 主要考虑近期需求，兼顾长远发展需要

C. 制订详细的设计方案　　　D. 多方征求意见

4. 信息插座在网络综合布线子系统中主要用于连接（　　　）

A. 工作区子系统与水平干线子系统

B. 水平干线子系统与管理子系统

C. 工作区子系统与管理子系统

D. 管理子系统与垂直干线子系统

5. 双绞线的传输距离一般应不超过（　　　）。

A. 100m　　　　　　　　　　B. 90m

C. 50m　　　　　　　　　　　D. 150m

6. 下面哪种类型不是网络综合布线系统标签的类型（　　　）。

A. 粘贴型　　　　　　　　　　B. 插入型

C. 特殊型　　　　　　　　　　D. 嵌入型

7. 屏蔽每对双绞线对的双绞线称为（　　　）。

A. UTP　　　　　　　　　　　B. FTP

C. ScTP　　　　　　　　　　　D. STP

8. TIA/EIA 标准规定的 6 类网络综合布线系统中最大带宽为（　　　）。

A. 100MHz　　　　　　　　　B. 150MHz

C. 200MHz　　　　　　　　　D. 250MHz

9. 下面哪些工具是用来制作水晶头的工具（　　　）。

A. 锤子　　　　　　　　　　　B. 压线钳

C. 旋具　　　　　　　　　　　D. 手电钻

10. 以下哪个项目不是施工前检查的内容（　　　）。

    A. 电源插座及接地装置　　　B. 光纤特性测试

    C. 设备机柜的规格、外观　　D. 消防器材

11. 工程施工结束时的总结材料不包括(　　　)。

    A. 开工报告　　　　　　　　B. 布线工程图

    C. 设计报告　　　　　　　　D. 测试报告

12. 目前执行的网络综合布线系统设计国家标准是(　　　)。

    A. ISO/IEC1180：2002　　　B. GB 50312—2007

    C. GB/T 50314—2006　　　　D. GB 50311—2007

13. 在双绞线电缆内，不同线对具有不同的扭绞长度，这样可以(　　　)。

    A. 可以减少衰减　　　　　　B. 减少串扰

    C. 增加衰减　　　　　　　　D. 增加串扰

14. 布线实施后需要进行测试，在测试线路的主要指标中，(　　　)是指一对相邻的另一对线通过电磁感应所产生的偶合信号。

    A. 近端串绕　　　　　　　　B. 衰减值

    C. 回波损耗　　　　　　　　D. 传输延迟

15. 为了获得良好的接地，推荐采用联合接地方式，接地电阻要求小于或等于(　　　)。

    A. 1Ω　　　　　　　　　　　B. 2Ω

    C. 3Ω　　　　　　　　　　　D. 4Ω

三、判断题

1. 对设置了设备间的建筑物，设备间所在楼层的 FD 不可以和设备间的 BD/CD 及入口设施安装在同一场地。　　　　　　　　　　　　　　(　　　)

2. 建筑物 FD 可以经过主干缆线直接连至 CD，TO 不可以经过水平缆线直接连至 BD。　　　　　　　　　　　　　　　　　　　　　　　　(　　　)

3. 建筑建子系统由配线设备、建筑物之间的干线电缆或光缆、设备缆线、跳线等组成的系统。　　　　　　　　　　　　　　　　　　　　　(　　　)

4. 在网络综合布线系统工程的规划和设计之前，必须对用户信息需求进行分析和总结，这也是建设规划、工程设计和以后维护管理的重要依据之一。　(　　　)

5. 问卷调查是通过请用户填写问卷获取有关需求信息也不失为一项很好的选择，但最终还是要建立在沟通和交流的基础上。　　　　　　　　　(　　　)

6. 双绞线电缆中的每一根绝缘线路都用不同颜色加以区分，这些颜色构成标准的编码，因此很难识别和正确端接每一根线路。　　　　　　　　(　　　)

7. 按安装方式，模块式配线架有壁挂式和机架式两种。 （   ）

8. 机柜的高度通常用"U"作为计量单位，1U就是44.45cm。 （   ）

9. 根据外形可将机柜分为立式机柜、挂墙式机柜和嵌入式机架3种。 （   ）

10. 25mm×（20～30）mm规格的槽，一个固定点应有4～5个固定螺钉，并水平排列。 （   ）

11. 在机柜内部安装配线架前，首先要进行设备质量检查然后总体规划或按照图纸规定确定位置。 （   ）

12. 铺设水平UTP线缆、垂直主干大对数电缆、光纤时不需要做好线缆两头的标记。 （   ）

13. 计算机网络工程是指为满足一定的应用需求和达到一定的功能目标而按照一定的设计方案和组织流程进行的计算机网络建网工作。 （   ）

14. 当智能化建筑避雷接地采用外引式泄流引下线入地时，通信系统接地可下避雷接地连接在一起。 （   ）

四、简答题

1. 综合布线系统由哪几个子系统组成？简述之。

2. 试比较双绞线电缆和光缆的优缺点？

3. 如何辨别真假双绞线？

4. 在双绞线电缆中线对的扭绞有什么作用？

5. 简述双绞线跳线制作过程。

6. 常用的布线器材和测试工具有哪些？

7. 综合布线中的机柜有什么作用？

8. 信息插座引针与4对双绞线电缆端接有哪几种方式？在一个工程中，能否混合使用？

学习情境二　学生宿舍楼网络布线

知识目标

1. 熟悉综合布线工作区子系统、配线子系统、干线子系统、设备间子系统、进线间、建筑群子系统的设计。
2. 掌握桥架施工工具，光缆施工工具的使用。
3. 掌握桥架及管槽的安装方法与规范。
4. 掌握光纤熔接、光纤连接器的制作、光纤配线架的制作。
5. 掌握双绞线及光纤的认证测试。

技能目标

1. 能够为中小型综合布线系统进行设计。
2. 能安装规范的桥架。
3. 能够进行光纤熔接、端接。
4. 能够进行认证测试。
5. 能够对中型综合布线系统进行验收。

素质养成目标

1. 培养良好逻辑思维能力。
2. 培养团队合作精神。
3. 具有创新能力及自我发展能力。
4. 具有较强的口头语言书面表达能力、人际沟通能力。
5. 培养良好的施工规范、职业素养和严谨的工作作风。

情景导入

学校对某网络公司完成的办公室网络综合布线项目非常满意，因此，决定将8号学生宿舍楼网络综合布线系统也交予该网络公司实施。学生宿舍楼共有8层，每层有 20 间宿舍，每间宿舍住 6 人，学校决定为该宿舍楼重新设计网络综合布线系统，使学生的电脑都能接入校园网。该网络公司派刘经理负责这个项目，请你协助刘经理完成该项目的相关工作。

项目分析

不考虑语音布线和监控布线，学生宿舍楼的布线也属网络综合布线范围。学生宿舍楼综合布线系统除了前面办公室网络综合布线系统中的工作区子系统、配线子系统与管理间子系统外，还可能包含干线子系统、设备间子系统、进线间、建筑群子系统。学生宿舍楼网络综合布线系统较为复杂，可以培养学生的综合设计能力，使其能够胜任相对复杂环境下的综合布线项目。

解决思路

在接到学生宿舍楼网络综合布线项目后，该网络公司派技术人员与客户洽谈，了解一些基本信息，如宿舍的人数、需要安装的信息点的数量及种类、施工的要求等。并进行现场勘察，观察宿舍内的布局、宿舍走廊环境，测量宿舍内与走廊的各项数据，形成文档与图纸。有了需求分析的资料后，设计人员开始对学生宿舍楼网络综合布线系统进行合理地设计，选择合适的材料与工具，计算材料的用量，绘制相关图纸。施工人员对学生宿舍楼网络综合布线系统施工，施工时需注意安全，规范施工。最后是测试验收人员对学生宿舍楼网络综合布线系统进行测试验收。

在本项目中，该网络公司需完成以下任务：

学习任务一　认识学生宿舍网络综合布线系统

学习任务二　调查分析学生宿舍实际情况

学习任务三　设计学生宿舍网络综合布线系统

学习任务四　对学生宿舍网络综合布线系统施工

学习任务五　测试验收学生宿舍网络布线

学习任务一　认识学生宿舍网络综合布线系统

任务描述

为了取长补短，刘经理决定先参观下已有网络综合布线的学生宿舍，观察宿舍网络综合布线的特点，以便更好地完成 8 号宿舍楼的网络综合布线系统。请陪同刘经理完成参观与记录工作。

任务分析

参观认识下其他的学生宿舍楼的网络综合布线系统，对我们设计与施工 8 号宿舍楼网络综合布线系统具有一定的帮助。

知识准备

一、综合布线组成部分

国家标准《综合布线系统工程设计规范》（GB 50311—2007）中规定，综合布线系统应按工作区、配线子系统、干线子系统、建筑群子系统、进线间、设备间和管理等 7 个部分设计。如图 2-1 所示为综合布线系统组成示意图。

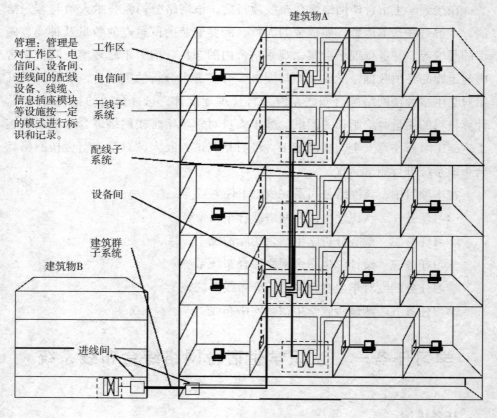

图 2-1　综合布线系统组成示意图

1. 工作区子系统

在综合布线中，一个独立的、需要设置终端设备（TE）的区域宜划分为一个工作区。工作区的终端包括电话和计算机等设备，工作区是指办公室、写字间、工作间、机房等需要电话和计算机等终端设施的区域。工作区应由配线子系统的信息插座模块（TO）延伸到终端设备处的连接缆线及适配器组成。

2. 配线子系统

配线子系统（又称水平子系统）应由工作区用的信息插座模块、信息插座模块至楼层配线设备（FD）的配线电缆或光缆、楼层配线设备及设备缆线和跳线等组成的系统，配线子系统中可以设置集合点（CP），也可不设置集合点。它的布线路由遍及整个智能建筑，与每个房间和管槽系统密切相关，是综合布线工程中工程量最大、最难施工的一个子系统。

3. 干线子系统

干线子系统（又称垂直子系统）由设备间至电信间的干线电缆和光缆、安装在设备间的建筑物配线设备（BD）及设备缆线和跳线组成的系统。它是建筑物内综合布线的主馈缆线，是楼层配线间与设备间之间垂直布放（或空间较大的单层建筑物的水平布线）缆线的统称。

4. 建筑群子系统

建筑群子系统是指由多幢相邻或不相邻的房屋建筑组成的小区或园区的建筑物间的布线系统，由建筑群配线设备（CD）、建筑物之间的干线电缆或光缆、设备缆线、跳线等组成。

5. 设备间子系统

设备间是在每幢建筑物的适应地点进行网络管理和信息交换的场地。对综合布线系统工程设计，设备间主要安装建筑物配线设备。电话线交换机、计算机设备及入口设施也可与配线设备安装在一起。

6. 进线间

进线间是建筑物外部通信和信息管线的入口部分，并可作为入口设施和建筑群配线设备的安装场地。

7. 管理

管理应对工作区、电信间、设备间、进线间的配线设备、缆线、信息插座模块等设施按一定的模式进行标识和记录。内容包括管理方式、标识、色标、连接等。

二、综合布线特点

综合布线同传统的布线相比较，有着许多优越性，是传统布线所无法相比的。其特点主要表现在它具有兼容性、开放性、灵活性、可靠性、先进性和经济性，而且在设计、施工和维护方面也给人们带来了许多方便。

1. 兼容性

综合布线的首要特点是它的兼容性。所谓兼容性是指它自身是完全独立的而与应用系统相对无关，可以适用于多种应用系统。过去，为一幢大楼或一个建筑群内的语音或数据线路布线时，往往采用不同厂家生产的电缆线、配线插座以及接头等。例如用户交换机通常采用双绞线，计算机系统通常采用粗同轴电缆或细同轴电缆。这些不同的设备使用不同的配线材料，而连接这些不同配线的插头、插座及端子板也各不相同，彼此互不相容。一旦需要改变终端机或电话机位置时，就必须敷设新的线缆，以及安装新的插座和接头。

综合布线将语音、数据与监控设备的信号线经过统一的规划和设计，采用相同的传输媒体、信息插座、交连设备、适配器等，把这些不同信号综合到一套标准的布线中。由此可见，这种布线比传统布线大为简化，可节约大量的物资、时间和空间。

在使用时，用户可不用定义某个工作区的信息插座的具体应用，只把某种终端设备(如个人计算机、电话、视频设备等)插入这个信息插座，然后在管理间和设备间的交接设备上做相应的接线操作，这个终端设备就被接入到各自的系统中了。

2. 开放性

对于传统的布线方式，只要用户选定了某种设备，也就选定了与之相适应的布线方式和传输媒体。如果更换另一设备，那么原来的布线就要全部更换。对于一个已经完工的建筑物，这种改变是十分困难的并且需要投入很大成本。

综合布线由于采用开放式体系结构，符合多种国际上现行的标准，因此它几乎对所有著名厂商的产品都是开放的，如计算机设备、交换机设备等，并对所有通信协议也是支持的，如 ISO/IEC8802-3、ISO/IEC8802-5 等。

3. 灵活性

传统的布线方式是封闭的，其体系结构是固定的，若要迁移设备或增加设备是相当困难的，甚至是不可能的。

综合布线采用标准的传输线缆和相关连接硬件，模块化设计，因此所有通道都是通用的。每条通道可支持终端、以太网工作站及令牌环网工作站。所有设备的开通及更改均不需要改变布线，只需增减相应的应用设备以及在配线架上进行必要的跳线管理即可。另外，组网也可灵活多样，甚至在同一房间可有多用户终端，以太网工作站、令牌环网工作站并存，为用户组织信息流提供了必要条件。

4. 可靠性

传统的布线方式中由于各个应用系统互不兼容，因此在一个建筑中往往要有多种布线方案。因此建筑系统的可靠性要由所选用的布线可靠性来保证，当各应用系统布线不当时，还会造成交叉干扰。

综合布线采用高品质的材料和组合压接的方式构成一套高标准的信息传输通道。所有线槽和相关连接件均通过 ISO 认证，每条通道都要采用专用仪器测试链路阻抗及衰减率，以保证其电气性能。应用系统布线全部采用点到点端接，任何一条链路故障均不影响其他链路的运行，这就为链路的运行维护及故障检修提供了方便，从而保障了应用系统的可靠运行。各应用系统往往采用相同的传输媒体，因而可互为备用，提高了备用冗余。

5. 先进性

综合布线，采用光纤与双绞线混合布线方式，极为合理地构成一套完整的布线。所有布线均采用世界上最新通信标准，链路均按八芯双绞线配置。超 5 类双绞线带宽可达 100Mbit/s，6 类双绞线带宽可达 1000Mbit/s。对于特殊用户的需求可把光纤引到桌面(Fiber To The Desk)。

6. 经济性

综合布线比传统布线具有经济性优点，主要综合布线可适应长时间需求，传统布线改造很费时间，耽误工作造成的损失更是无法用金钱计算。

综上所述，综合布线较好地解决了传统布线方式存在的许多问题，随着科学技术的迅猛发展，人们对信息资源共享的要求越来越迫切，尤其以电话业务为主的通信网逐渐向综合业务数字网(ISDN)过渡，越来越重视能够同时提供语音、数据和视频传输的集成通信网。因此，综合布线取代单一、昂贵、复杂的传统布线，是"信息时代"的要求，是历史发展的必然趋势。

任务实施

参观学校学生宿舍楼的综合布线系统，拍摄相关照片。

参观学校学生宿舍楼的综合布线系统，参观时注意以下细节：

(1)学生宿舍楼的综合布线系统的各子系统；

(2)学生宿舍楼的综合布线系统所选用的传输介质；

（3）学生宿舍楼的综合布线系统机柜内的设备及连接方式；

（4）学生宿舍楼的综合布线系统信息插座；

（5）学生宿舍楼的综合布线系统选用的线槽及桥架；

（6）学生宿舍楼的综合布线系统的标签管理。

学习任务二　调查分析学生宿舍实际情况

任务描述

刘经理派你对8号宿舍楼网络综合布线系统进行需求分析，整理数据，形成需求分析报告，为设计方案提供依据。

任务分析

需求分析是综合布线中非常重要的内容，只有获得了全面、正确的需求分析，才能进行合理的综合布线设计、施工、测试。

知识准备

在做需求分析以及以后的设计与施工时，综合布线的设计与施工人员必须熟悉建筑物的结构，工程负责人要到工地对照平面图查看大楼现场，逐一确认以下任务：

（1）查看各楼层、走廊、房间、电梯厅和大厅等吊顶的情况，包括吊顶是否可以打开、吊顶高度和吊顶距梁的高度等，然后根据吊顶的情况确定水平主干线槽的敷设方法。对于新楼，要确定是走吊顶内线槽，还是走地面线槽；对于旧楼，改造工程需确定水平干线槽的敷设路线。找到布线系统要用的电缆垂井，查看垂井有无楼板，询问同一垂井内有哪些其他线路（包括自控系统、空调、消防、闭路电视、保安监视和音响等系统的线路）。

（2）计算机网络线路可与哪些线路共用槽道，特别注意不要与电话以外的其他线路共用槽道，如果需要共用，要有隔离设施。

（3）如果没有可用的电缆垂井，则要和用户方技术负责人商定垂直槽道的位置，并选择垂直槽道的种类是梯级式、托盘式、槽式桥架还是钢管等。

（4）在设备间和楼层配线间，要确定机柜的安放位置，确定到机柜的主干线槽的敷设方式，设备间和楼层配线间有无高架活动地板，并测量楼层高度数据，特别要注意的是一般主楼和裙楼、一层和其他楼层的楼层高度有所不同，同时还要确定卫星配线箱的安放位置。

（5）如果在垂井内墙上挂装楼层配线箱，要求垂井内有电灯和楼板，并且不是直通的。如果在走廊墙壁上暗嵌配线箱，则要看墙壁是否贴大理石，墙围是否做特别处理，是否离电梯厅或房间门太近影响美观。

（6）讨论大楼结构方面尚不清楚的问题，如：哪些是承重墙，大楼外墙哪些部分有玻璃幕墙，设备层在哪层，大厅的地面材质，各墙面与柱子表面的处理方法（如喷涂、贴大理石、木墙、不锈钢包面等）。

任务实施

在进行综合布线系统设计前，需要对学生宿舍楼的网络用户及环境做好全面的需求分析，以此来合理地设计布线系统，以及开展后续的施工工程。

在此采用"谈话法"和"现场勘察"两种方法获取客户需求，获取的信息如下：

一、通过谈话获取的客户需求

施工方技术人员与客户方技术人员进行交谈，交谈记录如下。

1. 问：学生宿舍楼共有几层，每层有几间宿舍？

答：该宿舍楼共有 8 层，每层有 20 间宿舍。

2. 问：请问该宿舍楼是新建的建筑物吗？

答：这幢楼是之前就建好的宿舍楼，已经投入使用很久了，学生宿舍内有床、书桌等物品，不方便移动。

3. 问：该宿舍楼原来有装网络吗？

答：该宿舍楼原来并没有安装网络布线，现在需要将这幢宿舍楼连接入校园网中。

4. 问：安装好的网络主要有什么作用？

答：让学生可以在网络上学习，学校会提供一些学习视频、文字、图片等教学资源。

5. 问：一间宿舍有多少个学生？

答：一间宿舍有 6 个学生。

6. 问：在施工过程中，可能会改变宿舍的一些环境，请问有哪些要求？

答：尽量不要破坏墙体及地板，保管好学生的财产。

7. 问：请问资料预算是多少？关于成本有什么要求？

答：资金预算需要等到你们的设计文档出来后才能决定，要求尽量节约成本。

8. 问：请问还有其他什么要求吗？

答：施工完成后需对宿舍楼尾料进行清理，并将破坏的墙体及地面回填，保证宿舍楼美观。

二、通过现场勘察获取的信息

勘察这间办公室所获取的信息如下：

（1）该宿舍楼已有强电布线系统，电源插座安装在离门框20cm，距离地面30cm上。

（2）通过观察及测量该宿舍楼周围无强磁场及强电场的干扰。

（3）宿舍楼高度为3.3m，门框高度为2m。

三、需求分析结果

1. 学生宿舍楼信息点

学生宿舍楼每层需要40个信息点，学生宿舍楼一共需320个信息点，信息点类型均为数据信息点。

2. 学生宿舍楼环境要求

施工时尽量不要破坏墙体及地板。

3. 宿舍楼每层平面图及各参数如图2-2所示。

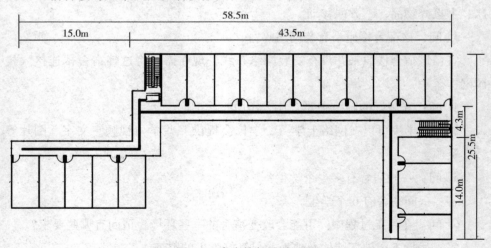

图 2-2　宿舍楼每层平面图

4. 学生宿舍楼每间布局图如图 2-3 所示。

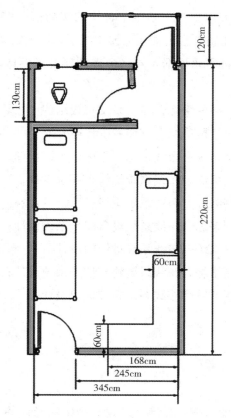

图 2-3　学生宿舍楼每间布局图

学习任务三　设计学生宿舍网络综合布线系统

任务描述

经过了前一个项目及本项目的前两个任务，你的网络布线技术提升很快，刘经理对你的工作非常满意，他决定把 8 号宿舍楼网络布线设计这个任务交给你，请你为 8 号宿舍楼设计合理的网络综合布线系统方案。

任务分析

学生宿舍网络综合布线系统与办公室网络综合布线系统比较，前者规模较大，两者有一些相同的综合布线组成部分，如工作区子系统、配线子系统与管理系统，但对于不同的工程，它们的设计方案又不一样，不能照搬办公室网络综合布线系统的设计，需要根据学生宿舍楼的实际情况进行设计。除这上述 3 个组成部分之外，学生宿舍楼可能还需要干线子系统、设备间子系统、进线间、建筑群子系统，这些都需要根据 8 号宿舍楼的环境来设计。学生宿舍楼至少应做以下设计：

(1)确定学生宿舍楼网络综合布线系统布线结构；

(2)确定学生宿舍楼网络综合布线系统传输介质；

(3)学生宿舍楼网络综合布线系统工作区子系统设计；

(4)学生宿舍楼网络综合布线系统配线子系统设计；

(5)学生宿舍楼网络综合布线系统干线子系统设计；

(6)学生宿舍楼网络综合布线系统设备间子系统设计；

(7)学生宿舍楼网络综合布线系统进线间设计；

(8)学生宿舍楼网络综合布线系统建筑群子系统设计；

(9)学生宿舍楼网络综合布线系统管理标识设计。

知识准备

一、光纤及其连接器件

1. 光纤

光纤是光导纤维的简称，光导纤维是一种传输光束的细而柔软的媒质，是数据传输中最有效的一种传输介质。光缆由一捆光纤组成。

(1)光纤的结构

计算机网络中的光纤主要是用石英玻璃(SiO_2)制成的，横截面积很小的双层同心圆柱体。光纤由光纤芯、包层和涂覆层三部分组成。光纤的结构如图 2-4 所示，最里面的是光纤芯(折射率高)；包层(折射率低)将光纤芯围裹起来，使光纤芯与外界隔离，以防止与其他相邻的光导纤维相互干扰；包层的外面涂覆一层很薄的涂覆层，涂覆材料为硅酮树脂或聚氨基甲酸乙酯，涂覆层的外面为套塑，套塑的原料大都采用尼龙、聚乙烯或聚丙烯等塑料。常用的 $62.5/125\mu m$ 光纤，指的就是纤芯外径是 $62.5\mu m$，加上包层后外径是 $125\mu m$。

光纤芯是光的传导部分，而包层的作用是将光封闭在光纤芯内。光纤芯和包层的成分都是玻璃，光纤芯的折射率高，包层的折射率低，这样可以把光封闭在光纤芯内，如图 2-5 所示。

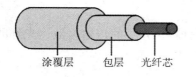

图 2-4　光纤的结构

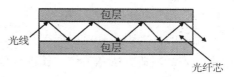

图 2-5　光纤传输示意图

（2）光纤的通信系统

光纤传输的是光脉冲信号而不是电压信号，光纤将网络数据的 0 和 1 转换为某种光源的灭和亮，光源发出的光按照被编码的数据表示亮或者灭。光脉冲到了目的地，传感器会检测出光信号是否出现，并将光信号的灭和亮相应地转换回电信号的 0 和 1。

有两种光源可被用作信号源：发光二极管 LED（Light-Emitting Diode）和半导体激光管 ILD（Injection Laser Dionde）。其中 LED 成本较低，而单导体激光管可获得很高的数据传输率和较远的传输距离。表 2-1 是两种光源的不同特性。

表 2-1　发光二级管和半导体激光管光源的不同特性

项目	发光二极管	半导体激光管
数据速率	低	高
模式	多模	多模或单模
距离	短	长
生命期	长	短
温度敏感性	较小	较敏感
造价	低造价	昂贵

大多数的光纤网络系统中都使用两根光纤，一根用来发送，一根用来接收。在实际应用中，光纤的两端都应安装有光纤收发器，光纤收发器集成了光发送机和接收机的功能。

目前在局域网中实现的光纤通信是一种光电混合式的通信结构，如图 2-6 所示。通信终端的电信号与光缆中传输的光信号之间要进行光电转换，光电转换通过光电转换器完成。

图 2-6　光电结合通信模式

（3）光纤的分类

光纤的种类很多，可以根据构成光纤的材料、光纤的传输模数、光纤的折射率、光纤制造方法和工作波长进行分类。

1）根据构成光纤的材料分类

按照构成光纤的材料，光纤一般可分为玻璃光纤、胶套硅光纤、塑料光纤。

①玻璃光纤：纤芯与包层都是玻璃，损耗小，传输距离长，成本高。

②胶套硅光纤：纤芯是玻璃，包层是塑料，损耗小，传输距离长，成本较低。

③塑料光纤：纤芯与包层都是塑料，损耗大，传输距离很短，价格很低。多用于家电、音响以及短距离的图像传输。

2）根据光纤的传输模数分类

按光在光纤中的传输模式可分为：单模光纤和多模光纤。

①单模光纤 SMF（Single Mode Fiber）：这里的"模"是指以一定角速度进入光纤的一束光。如图 2-7 所示，单模光纤采用固定激光器作为光源，若入射光的模样为圆

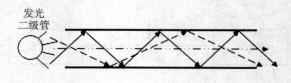

图 2-7　单模光纤

光斑，射出端仍能观察到圆形光斑，即单模光纤只允许一束光传输，没有模分散特性，因此，单模光纤的纤芯相应较细，传输频带宽、容量大，传输距离长。单模光纤的纤芯直径很小，约为 $4 \sim 10 \mu m$，包层直径为 $125 \mu m$。目前常见的单模光纤主要有 $8.3/125 \mu m$、$9/125 \mu m$、$10/125 \mu m$ 等规格。单模光纤通常用在工作波长为 1310nm 或 1550nm 的激光发射器中。

由于单模光纤只传输主模，从而避免了模态色散，使得这种光纤的传输频带很宽，传输容量大，适用于大容量、长距离的光纤通信。单模光纤通常在建筑物之间或地域分散时使用。

②多模光纤 MMF（Multi Mode Fiber）：多模光纤采用发光二极管作为光源。如图 2-8 所示，多模光纤允许多束光在光纤中同时传播，形成模分散，模分散限制了多模光纤的带宽和距离。因此，多模光纤的纤芯粗、传输速度低、距离

图 2-8　多模光纤

短、整体的传输性能差，但其成本一般较低。多模光纤特别适合于多接头的短距离应用场合。在综合布线系统中常用纤芯直径为 50/125μm、62.5/125μm，包层均为 125μm，也就是通常所说的 50μm、62.5μm。多模光纤的光源一般采用 LED（发光二极管），工作波长为 850nm 或 1300nm。多模光纤常用于建筑物内干线子系统、水平子系统或建筑群之间的布线。

单模光纤与多模光纤的特性比较如表 2-2 所示。

表 2-2　单模光纤与多模光纤的特性比较

单模	多模
用于高速度、长距离	用于低速度、短距离
成本高	成本低
窄芯线，需要激光源	宽芯线，聚光好
耗散极小，高效	耗散大，低效

3）按光纤的折射率分类

按折射率分类光纤可分为跳变式光纤和渐变式光纤两种。光纤纤芯的折射率 n1 和包层的折射率 n2 都为一常数，且 n1 > n2，在纤芯和保护层的交界面折射率呈阶梯形变化，光线在跃变式光纤中的传输如图 2-9 所示。渐变式光纤纤芯的折射率 n1 随着半径的增加而按一定规律减小，到纤芯与包层的交界处等于包层的折射率 n2，即纤芯中折射率的变化呈近似抛物线形，光线在跃变式光纤中的传输如图 2-10 所示。

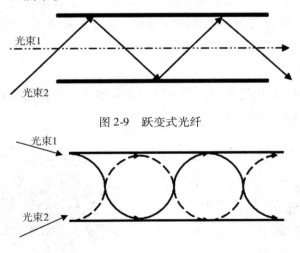

图 2-9　跃变式光纤

图 2-10　渐变式光纤

4）根据工作波长分类

根据光纤工作波长的不同，可分为短波长（0.8 ~ 0.9）光纤、长波长（1.0 ~

1.7μm）光纤和超长波长（>2μm）光纤。波长越长，光纤支持的传输距离也就越长。长距离传输时，应当选择长波长光纤或超长波长光纤。

（4）光纤的优缺点

1）光纤的优点

与双绞线相比，光纤具有无法比拟的优点：

①频带宽，通信容量大；

②损耗低，中继距离长；

③抗电磁干扰，适应恶劣环境；

④无传导干扰，保密性好；

⑤线径细，便于敷设；

⑥原材料资源丰富，节约材料。

2）光纤的缺点

①质地脆，机械强度低；

②连接比较困难，技术要求较高；

③分路、耦合不方便；

④弯曲半径不宜太小。

2. 光缆

光纤的中心是光传播的玻璃芯，芯外面包围着一层折射率比芯低的玻璃封套，使射入纤芯的光信号经包层界面反射，在纤芯中传播前进。由于光纤本身非常脆弱，无法被应用于布线系统，因此，通常被扎成束，外面有保护外壳，中间有抗拉线，这就是所谓的光缆。

（1）光缆的结构

光缆从内到外依次为光纤、缓冲层、光缆加强元件和光缆护套，如图 2-11 所示为室内多模光缆结构图。

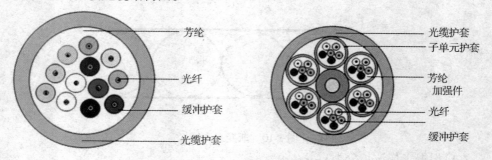

图 2-11　室内多模光缆结构图

①光纤。光缆的核心是光纤，光纤在前面已经介绍过。

②缓冲保护层。在光纤涂覆层外面还有一层缓冲保护层，给光纤提供附加保护。在光缆中保护层分为紧套管缓冲和松套管缓冲两类。

紧套管缓冲：紧套管是直接在光纤涂覆层外面加的一层缓冲材料，与涂覆层合在一起，光纤在套管中无活动空间。这层缓冲结构为光纤提供了极好的抗压抗震性能，紧套缓冲结构的光缆尺寸也比较小，安装起来较为容易，但是这种结构却不能保护光纤免受因外界温度变化而引起的应力破坏。紧套缓冲光缆主要用于室内布线。

松套管缓冲光缆使用塑料套管作为缓冲保护层，光纤在套管内可以自由活动。种结构可以防止因缓冲层收缩或扩张而引起的应力破坏，但不能防止因挤压和碰撞而引起的破坏。松套管缓冲光缆一般用于室外布线，可以适应室外温度变化较大的环境特点。此外，大多数厂家还在松套管上加了一层防水凝胶，以利于光纤隔离外界潮湿。

③光缆加强元件。为保护光缆的机械强度和刚性，光缆通常包含有一个或几个加强元件。在光缆被牵引的时候，加强元件使得光缆有一定的抗拉强度，同时还对光缆有一定支持保护作用。光缆加强元件通常有芳纶砂、钢丝和纤维玻璃棒 3 种。

④光缆护套。光缆护套是光缆的外围部件，它是非金属元件，作用是将其他的光缆部件加固在一起，保护光纤和其他的光缆部件免受损害。

（2）光缆的种类

1）根据光缆的结构分类

根据光缆的结构可分为中心束管式光缆、层绞式光缆、带状式光缆和骨架式光缆等几种类型。

①中心束管式光缆：中心束管式光缆技术将光纤套入由高模量塑料做成的螺旋空间松套管中，套管内填充防水化合物，套管外施加一层阻水材料和铠装材料，两侧放置两根平行钢丝，并挤制聚乙烯护套成缆。它的主要特点有：特有的螺旋槽松套管设计，有利于精确控制光纤的余长，保证了光缆具有很好的机械性能和温度特性；松套管材料本身具有良好的耐水解性和较高的强度，管内充以特种油膏，对光纤进行了关键性保护。两根平行钢丝保证光缆的抗拉强度。中心束管式光缆直径小、重量轻、容易敷设。如图 2-12 所示为中心束管式光缆。

②层绞式光缆：层绞式光缆的金属或非金属加强件位于光缆的中心，容纳

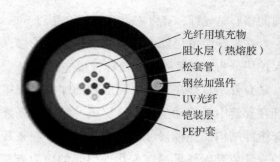

光纤用填充物
阻水层（热熔胶）
松套管
钢丝加强件
UV光纤
铠装层
PE护套

图 2-12　中心束管式光缆

光纤的松套管围绕加强件排列。而中心束管式的松套管位于光缆的中心位置，金属或非金属加强围绕松套管排列。层绞式光缆的最大优点是易于分叉，即光缆部分光纤需分别使用时，不必将整个光缆开断，只需将分叉的光纤开断即可。如图 2-13 所示为层绞式光缆。

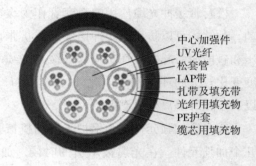

中心加强件
UV光纤
松套管
LAP带
扎带及填充带
光纤用填充物
PE护套
缆芯用填充物

图 2-13　层绞式光缆

③带状式光缆：带状式光缆的芯数可以做到上千芯，它将 4 ~ 12 芯光纤排列成行，构成带状光纤单元，再将多个带状单元按一定方式排列成缆。

④骨架式光缆：骨架式光缆是把紧套光纤或一次涂覆光纤放入中心加强件周围的螺旋形塑料骨架凹槽内而构成的。这种结构的缆芯抗侧压性能好，利于对光纤的保护。

2）根据光缆的应用环境分类

根据光缆的应用环境与条件，可将其分为室内型和室外型，这两种类型的光缆不能互换应用环境。

①室内型光缆：室内型光缆用于干线、配线子系统和光纤跳线。室内型光缆在外皮与光纤之间加了一层尼龙纱线作为加强结构；其外皮材料为非阻燃、阻燃和低烟无卤等不同类别，以适应不同的消防级别。

②室外型光缆：室外型光缆的抗拉强度比较大，保护层厚重，在综合布线系统中主要用于建筑群子系统。根据敷设方式的不同，室外光缆可以分为架空式光缆、管道式光缆、直埋式光缆、隧道光缆、水底光缆。如图 2-14 所示分别为几种室外光缆的结构。

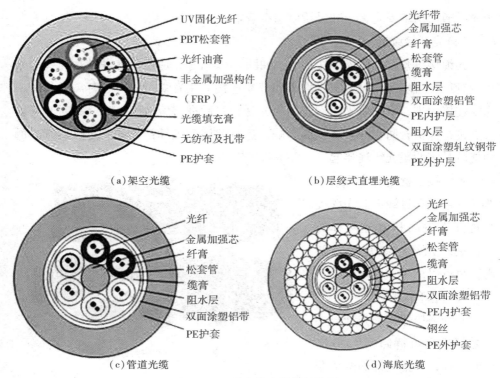

（a）架空光缆　　　　　　　　　（b）层绞式直埋光缆

（c）管道光缆　　　　　　　　　（d）海底光缆

图 2-14　几种室外光缆的结构图

3. 光纤连接器件

（1）光纤配线架

光纤配线架 ODF（Optical Distribution Frame）是光缆和光通信设备之间或光通信设备之间的配线连接设备，如图 2-15 所示。

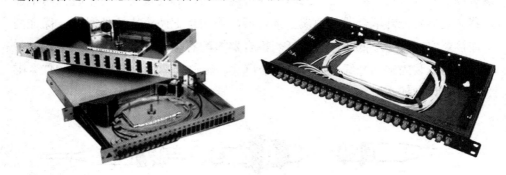

图 2-15　光纤配线架

光纤配线架是光传输系统中一个重要的配套设备，主要用于光缆终端的光纤熔接、光连接器安装、光路的调节、多余尾纤的存储及光缆的保护等，它对于光纤通信网络安全运行和灵活使用有着重要的作用。

（2）光纤接续盒

光缆接续盒，又叫光缆接头盒，如图2-16所示，适用于各种结构光缆的架空、管道、直埋等敷设方式之直通和分支连接。在光缆布线中有时需要将两根光缆连接起来，采用将光缆剥开露出光纤，然后进行熔接的方法，并对光纤熔接点进行保护，防止外界环境的影响，这时就用到光纤接续盒。光纤接续盒的功能就是将两段光缆连接起来，并进行固定。

光纤接续盒内有光缆固定器、熔接盘和过线夹。光缆接续盒分为室内和室外两种类型，室外光纤接续盒可以防水，也可以用于室内。

图2-16　光纤接续盒

（3）光纤连接器

光纤连接器，是光纤与光纤之间进行可拆卸（活动）连接的器件，它把光纤的两个端面精密对接起来，使发射光纤输出的光能量能最大限度地耦合到接收光纤中去，并使由于其介入光链路而对系统造成的影响减到最小，这是光纤连接器的基本要求。在一定程度上，光纤连接器影响了光传输系统的可靠性和各项性能。

大多数的光纤连接器是由三部分组成，如图2-17所示，其中包括两个光纤接头和一个耦合器。耦合器是把两条光缆连接在一起的设备，使用时把两个连接器分别插到光纤耦合器的两端。耦合器的作用是把两个连接器对齐，保证两个连接器之间有一个低的连接损耗。耦合器多配有金属或非金属法兰，以便于连接器的安装固定。光纤连接器使用卡口式、旋拧式、"n"型弹簧夹和MT－RJ等方法连接到插座上。

图2-17　光纤连接器结构图

光纤连接器按传输媒介的不同可分为常见的硅基光纤的单模、多模连接器；按连接头结构形式可分为：FC、SC、ST、LC、D4、DIN、MU、MT 等形式。光纤耦合器的类型应与光纤连接器相对应。

1）FC 型光纤连接器

FC（Ferrule Connector）型光纤连接器，其外部加强方式是采用金属套，紧固方式为螺丝扣，如图 2-18 所示。最早，FC 类型的连接器，采用的是陶瓷插针的对接端面为平面接触方式。此类型连接器结构简单，操作方便，制作容易，但光纤端面对微尘较为敏感，且容易产生菲涅尔反射，提高回波损耗性能较为困难。后来，对该类型连接器做了改进，采用对接端面呈球面的插针，而外部结构没有改变，使得插入损耗和回波损耗性能有了较大幅度的提高。

图 2-18　FC 型光纤连接器

2）SC 型光纤连接器

SC 型光纤连接器外壳呈矩形，如图 2-19 所示，所采用的插针与耦合套筒的结构尺寸与 FC 型完全相同，其中插针的端面多采用 PC 型或 APC 型研磨方式；紧固方式是采用插拔销闩式，不须旋转。此类连接器价格低廉，插拔操作方便，介入损耗波动小，抗压强度较高，安装密度高。

图 2-19　SC 型光纤连接器

3）ST 型光纤连接器

ST 型光纤连接器外壳呈圆形，如图 2-20 所示，所采用的插针与耦合套筒的结构尺寸与 FC 型完全相同，其中插针的端面多采用 PC 型或 APC 型研磨方式；紧固方式为螺丝扣。此类连接器适用于各种光纤网络，操作简便，且具有良好的互换性。

4）LC 型光纤连接器

LC 型光纤连接器是著名的 Bell 研究所研究开发出来的，采用操作方便的模块化插孔（RJ）闩锁机理制成。该连接器所采用的插针和套筒的尺寸是普通 SC、FC 等所用尺寸的一半，为 1.25m，提高了光配线架中

图 2-20　ST 型光纤连接器

光纤连接器的密度。目前，在单模 SFF 方面，LC 类型的连接器实际已经占据了主导地位，在多模方面的应用也增长迅速。如图 2-21 所示为 LC 型光纤连接器。

（4）光纤跳线

光纤跳线是由一段 1～10m 的互连光缆与光纤连接器组成，用在配线架上交接各种链路。光纤跳线有单芯和双芯、单模和多模之分。由于光纤一般只是单向传输，需要进行全双工通信的设备需要连接两根光纤来完成收、发工作，因此如果使用单芯跳线，就需要两根跳线。

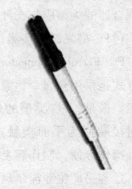

图 2-21　LC 型光纤连接器

根据光纤跳线两端的连接器的类型，光纤跳线有以下多种类型：

①ST－ST 跳线：两端均为 ST 连接器的光纤跳线。

②SC－SC 跳线：两端均为 SC 连接器的光纤跳线。

③FC－FC 跳线：两端均为 FC 连接器的光纤跳线。

④LC－LC 跳线：两端均为 LC 连接器的光纤跳线。

⑤ST－SC 跳线：一端为 ST 连接器，另一端为 SC 连接器的光纤跳线。

⑥ST－FC 跳线：一端为 ST 连接器，另一端为 FC 连接器的光纤跳线。

⑦FC－SC 跳线：一端为 FC 连接器，另一端为 SC 连接器的光纤跳线。

（5）光纤信息插座

光纤到桌面时，需要在工作区安装光纤信息插座。光纤信息插座的作用和基本结构与使用 RJ-45 信息模块的双绞线信息插座一致，是光缆布线在工作区的信息出口，用于光纤到桌面的连接，实际上就是一个带光纤耦合器的光纤面板。光缆敷设到光纤信息插座的底盒后，光缆与一条光纤尾纤熔接，尾纤的连接器插入光纤面板上的光纤耦合器的一端，光纤耦合器的另一端用光纤跳线连接计算机。

为了满足不同应用场合的要求，光缆信息插座有多种类型。例如，如果水平子系统为多模光纤，则光缆信息插座中应选用多模光纤模块；如果水平子系统为单模光纤，则光缆信息插座中应选用单模光纤模块。另外，还有 SC 信息插座、LC 信息插座、ST 信息插座等。

二、认识桥架

1. 桥架概述

综合布线工程中，线缆桥架因其具有结构简单、造价低、施工方便、配线灵活、安全可靠、安装标准、整齐美观、防尘防火、延长线缆使用寿命、方便扩充电缆和维护检修等特点，且同时能克服埋地静电爆炸、介质腐蚀等问题，而广泛应用于建筑群主干管线和建筑物内主干管线的安装施工。

2. 桥架的种类

（1）桥架分类

①桥架按结构可分为：梯级式、托盘式和槽式三种类型。

②按材质分类：桥架按材质分为不锈钢、铝合金和铁质桥架 3 种类型。不锈钢桥架美观、结实、档次高；铝合金桥架质轻、美观、档次高；铁质桥架经济实惠。

铁质桥架按表面工艺处理可分为：

电镀彩（白）锌，适合在一般的常规环境下使用。

电镀后再粉末静电喷涂，适合在有酸、碱及其他强腐蚀气体的环境中使用。

热浸镀锌，适合在潮湿、日晒、尘多的环境中使用。

（2）桥架产品

①槽式桥架：槽式桥架是全封闭电缆桥架，它适用于敷设计算机线缆、通信线缆、热电偶电缆及其他高灵敏系统的控制电缆等，它对屏蔽干扰和重腐蚀环境中电缆防护都有较好的效果，适用于室外和需要屏蔽的场所。如图 2-22 所示为槽式桥架空间布置示意图，图 2-23 所示为槽式桥架及连接件。

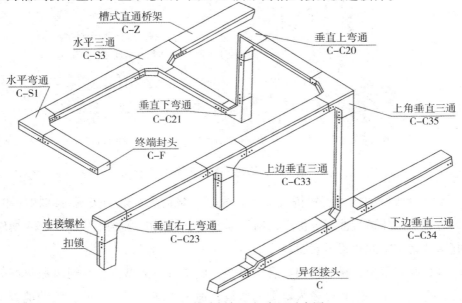

图 2-22　槽式桥架空间布置示意图

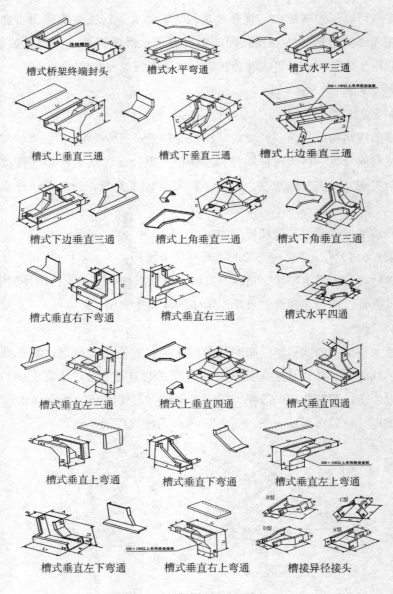

槽式桥架终端封头　　槽式水平弯通　　槽式水平三通

槽式上垂直三通　　槽式下垂直三通　　槽式上边垂直三通

槽式下边垂直三通　　槽式上角垂直三通　　槽式下角垂直三通

槽式垂直右下弯通　　槽式垂直右三通　　槽式水平四通

槽式垂直左三通　　槽式上垂直四通　　槽式垂直四通

槽式垂直上弯通　　槽式垂直下弯通　　槽式垂直左上弯通

槽式垂直左下弯通　　槽式垂直右上弯通　　槽接异径接头

图 2-23　槽式桥架及连接件

②托盘式桥架：托盘式桥架具有重量轻、载荷大、造型美观、结构简单、安装方便、散热透气性好等优点，用于地下层、吊顶内等场所。如图 2-24 所示为托盘式桥架空间布置示意图。

③梯级式桥架：梯式桥架具有重量轻、成本低、造型别致、通风散热好等特点，它适用于一般直径较大电缆的敷设，适用于地下层、垂井、活动地板下

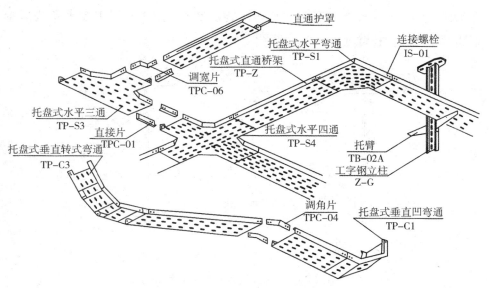

图 2-24　托盘式桥架空间布置示意图

和设备间的线缆敷设。如图 2-24 所示为梯式桥架空间布置示意图。

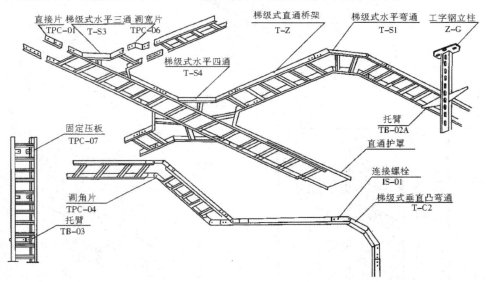

图 2-24　梯式桥架空间布置示意图

④支架：支架是支撑电缆桥架的主要部件，它由立柱、立柱底座、托臂等组成，可满足不同环境条件(工艺管道架、楼板下、墙壁上、电缆沟内)安装不同形式(悬吊式、直立式、单边、双边和多层等)的桥架，安装时还需连接螺栓

（膨胀螺栓）。图 2-26 为三种配线桥架吊装示意图，图 2-27 为托臂水平安装示意图，图 2-28 为托臂垂直安装示意图。

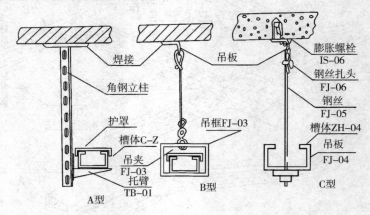

图 2-26　三种配线桥架吊装示意图

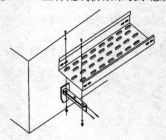

图 2-27　托臂水平安装示意图

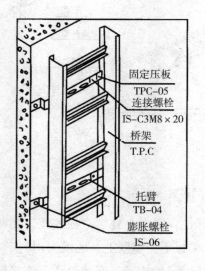

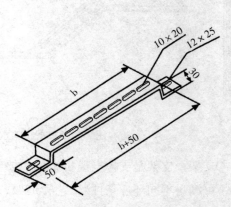

图 2-28　托臂垂直安装示意图

⑤桥架尺寸选择与计算：电缆桥架的高(h)和宽(b)之比一般为1:2，也有一些型号不以此为比例。各型桥架标准长度为2m/根。桥架板厚度标准为1.5～2.5mm，实际产品还有0.8mm、1.0mm、1.2mm，从电缆桥架载荷情况考虑，桥架越大，装载的电缆越多，因此要求桥架截面积越大，桥架板越厚。有特殊需求时，还可向厂家定购特型桥架。

选择桥架时，应根据在桥架中敷设线缆的种类和数量来计算桥架的大小。槽式桥架计算公式如下：

管槽截面积 = (n × 线缆截面积)/[70% × (40% ～ 50%)]

式中：n 为线缆根数。

三、配线子系统暗敷布线方式

管槽系统是配线子系统中不可缺少的一部分。对于新建建筑物，要求管槽系统与建筑设计施工同步进行；对于老建筑物，应充分考虑到已有的管槽及其他线路系统，来进行管槽系统的设计。因此，设计配线子系统的线路时，应根据建筑物的用途及其结构特点，从布线是否规范、路由的距离、造价的高低、施工的难易度、结构上的美观与否、与其他管线的交叉和间距以及布线是否规范化和扩充简便等各方面加以考虑。在具体的不同建筑物中，在设计综合布线时，往往会存在一些矛盾，考虑了布线规范，却影响了建筑物的美观，考虑了路由长短却增加了施工难度，所以，在设计配线子系统时必须折中考虑，对于结构复杂的建筑物，一般都设计多套线路方案，通过对比分析，在全面考虑的基础上，折中选择出最切合实际而又合理的布线方案。常见的水平布线系统有明敷与暗敷两大类。

1. 暗敷布线方式

这种方式适合于建筑物设计与建造时就已经充分考虑到布线系统，在敷设线缆时可利用楼层的地板、楼顶吊顶、墙体内已经预埋的管槽布线，布线完成后，基本不会直接看到管槽与线缆，这样就实现了建筑的美观。

(1)天花板吊顶敷设线缆方式

天花板吊顶敷设线缆方式，适合于有天花板吊顶的建筑内的综合布线工程。一些建筑在装饰天花板时，使用龙骨及石膏板等材料在天花下方形成有一定高度相对封闭的空间，如图2-29所示，在布线时可充分利用这一部分空间，在吊顶内安装好线槽再将线缆敷设在线槽内。

吊顶内空间较大，线槽的走向较为灵活，可以布放较多的水平线缆，在检修时，可直接打开天花板进行检修，较为方便。对于走廊有吊顶房间内没吊顶

图 2-29　天花板吊顶

的建筑物，可考虑在走廊吊顶内中间位置处设置线槽，再通过支管引入到房间内的管槽系统中，如图 2-30 所示。对于有吊顶的大开间办公场所，可考虑采用先走线槽再走支管，使线缆沿着隔离板或墙上线槽到达信息插座。

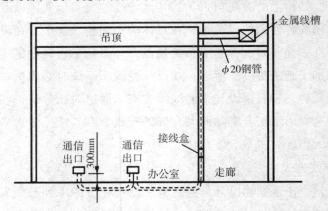

图 2-30　吊顶与墙内暗管结合

（2）地板下敷设线缆方式

地板下敷设线缆方式即不影响美观，又有较大的空间，加上劳动条件好，施工安装和维护检修均较方便，这种方式在综合布线系统中使用较为广泛。

①地面垫层布线方式。地面垫层方式就是将长方形的线槽打在地面垫层中（垫层厚度应≥6.5cm），每隔 4～8m 设置一个过线盒或出线盒（在支路上出线盒也起分线盒的作用），由管理间出来的线缆走地面线槽到地面出线盒或由过线盒出来的支管到墙上的信息出口。地面垫层布线如图 2-31 所示。由于地面出线盒

和过线盒不依赖于墙或柱体直接走地面垫层，因此这种方式比较适用于大开间或需要打隔断的场合。强、弱电可以走同路由相邻的线槽，而且可以接到同一出线盒的各自插座，金属线槽应接地屏蔽。若楼层信息点较多，应同时采用地面垫层与天花板吊顶内敷设线槽相结合的方式。

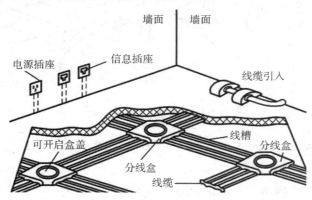

图 2-31　地面垫层布线方式

②高架地板布线方式。高架地板是一种模块化的活动地板，是指在建筑地板上搭立一个金属支架（固定在建筑物地板上的铝质或钢质锁定支架），在金属支架上放置一定规格的具有一定强度的木质或塑料或其他材料的方块地板，其中某些地板留有信息出口，作地盒安装时使用，高架地板任何一块方板地板都能活动，以便维护检修或敷设拆除电缆。在高架地板的空间内根据需要架设开放式桥架或封闭式线槽，敷设线缆时将线缆敷设在桥架或线槽中。高架地板具有安装和检修线缆方便、布线灵活、适应性强、操作空间大、布放线缆容量大、隐蔽性好、安全和美观等特点，常用于计算机机房、设备间或大开间办公室。高架地板布线如图 2-32 所示。典型的架空地板一般是在钢地板胶粘多层刨花木板，然后再敷贴上一层磨耗层贴砖或聚乙烯贴砖。

③墙体暗管布线方式。有些建筑物在土建设计时，已考虑综合布线管线设计，在土建施工时，已在天花板、墙壁、地板内按照规定与要求敷设好管线，综合布线设计与施工时可利用这些管线组成水平子系统。采用墙体暗管布线方式保证了墙面的美观。但墙内的暗管数量和大小受到墙体本身的制约。用这种方式布线时要注意以下几点：

一是在设计与施工前要充分了解墙内管道的线路与用途；

二是为了方便穿线施工与检修，应在转弯处或分支处设置出线盒；

三是强电线缆与弱电线缆应布放在各自的管道内，并相隔一定的距离，如

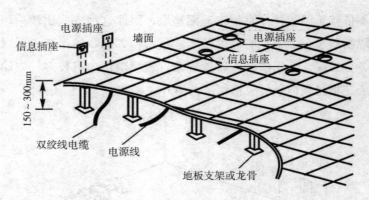

图 2-32　高架地板布线方式

果不能达到该要求，则应考虑采取一定的屏蔽措施，以减少强电线缆对弱电线缆的干扰。

　　新建公共建筑物墙面暗埋管的路径一般有两种做法，一是从墙面插座向上垂直埋管到横梁，然后在横梁内埋管到楼道本层墙面出口，如图 2-33 所示。第二种做法是从墙面插座向下垂直埋管到横梁，然后在横梁内埋管到楼道下层墙面出口，如图 2-34 所示。

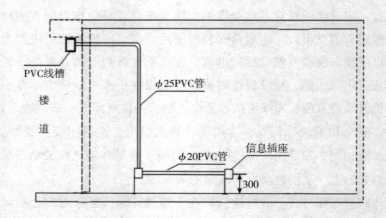

图 2-33　同层水平子系统暗埋管

2. 弱电间

　　在大型建筑物内，都有开放型通道和弱电间。开放型通道通常是从建筑物的最底层到楼顶的一个开放空间，中间没有隔断，如通风道或电梯，通常情况下不能用开放型通道作综合布线系统通道。

　　弱电间又叫楼层配线间，是一连串上下对齐的小房间，每层楼都有一间，

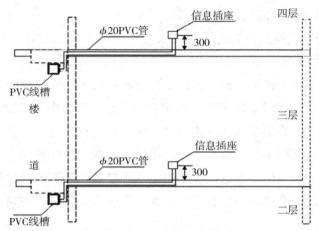

不同层水平子系统暗埋管示意图

图 2-34　不同层水平子系统暗埋管

可将楼层配线架（FD）安装在电信间中。

在弱电间敷设综合布线系统时需注意以下几个问题：

①弱电间应与强电间分开设置，电信间内或其紧邻处应设置线缆竖井；

②弱电间的使用面积不应小于 $5m^2$；

③弱电间应提供不少于两个 220V 带保护接地的电源插座；

④弱电间如果安装电信设备或其他信息网络设备时，设备供电应符合相应的设计要求；

⑤弱电间应采用外开丙级防火，门宽大于 0.7m。

四、干线子系统设计

1. 干线子系统概述

干线子系统是综合布线系统中非常关键的组成部分，又称垂直干线子系统，它由设备间子系统与管理间子系统之间的布线组成，如图 2-35 所示，传输介质主要采用大对数电缆或光缆。两端分别连接在设备间和管理间的配线架上。它是建筑物内综合布线的主馈线缆，是建筑物设备间和楼层配线间之间垂直布放（或空间较大

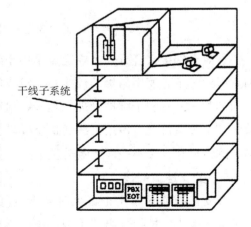

图 2-35　干线子系统

的单层建筑物的水平布线)缆线的统称。

2. 干线子系统的接合方式

（1）点对点端接

点对点端接是最简单、最直接的接合方法。每个楼层管理间到设备间都有独立的线缆连接，如图 2-36 所示。从设备间引出干线线缆，经过干线通道，端接于各楼层的一个指定配线间的连接件。线缆到各连接件上为止，不再往别处延伸。线缆的长度取决于它要连往哪个楼层以及端接的配线间与干线通道之间的距离。此种连接只用一根电缆独立供应一个楼层，其双绞线对数或光纤芯数应能满足该楼层的全部用户信息点的需要。系统不是特别大的情况下，应首选这种端接方法。

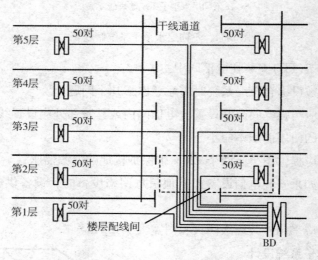

图 2-36　点对点端接

点对点端接接合方式主要优点是主干线路由上采用容量小、重量轻的线缆独立引线，不必使用昂贵的绞接盒，没有配线的接续设备介入，发生障碍容易判断和测试，有利于维护管理，是一种最简单直接的相连方法。缺点是电缆条数多、工程造价高、占用干线通道空间较大。因各个楼层电缆容量不同，安装固定的器材和方法不一而影响美观。

（2）分支递减端接

分支递减终接是用 1 根大对数干线电缆来支持若干个电信间的通信容量，经过电缆接头保护箱分出若干根小电缆，它们分别延伸到相应的电信间，并终接于目的地的配线设备，如图 2-37 所示。多楼层接合方法通常用于支持 5 个楼层的信息需要（每5层为一组）。一根主电缆向上延伸到中间（第三层），安装人员在楼层的配线间里装上一个绞接盒，然后用它把主电缆与粗细合适的各根小电缆分别连接在一起，后者分别连往上下各两层楼。

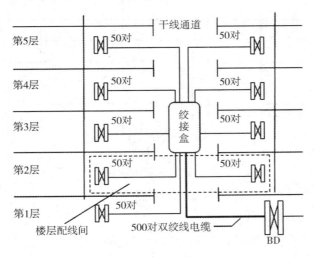

图 2-37　分支递减端接

分支递减端接方法的优点是，干线中的主馈电缆总数较少，可以节省一些空间。在某些场合下，分支递减接合方法的成本还有可能低于点对点为端接方法。缺点是电缆容量过于集中，若电缆发生障碍，波及范围较大。由于电缆分支经过接续设备，因而在判断检测和分隔检修时增加了难度和维护费用。

（3）电缆直接端接

电缆直接端接法是指在必要时可在目的楼层的干线分出一些电缆，把它们横向敷设到各个房间，并按系统的要求对电缆进行端接。

如果建筑物只有一层，没有垂直的干线通道，则可以把设备间内的端点当作计算距离的起点，然后，再估计出电缆到达二级交接间必须走过的距离。典型的电缆直接端接如图 2-38 所示。

上述连接方法中采用哪一种，需要根据网络拓扑结构、设备配置情况、电缆成本及连接工作所需的劳务费来全面考虑，既可单独采用也可混合使用。在一般的综合布线系统工程设计中，为了保证网络安全可靠，应首先选用点对点端接方法。当然，在经过成本分析后，如果能证明分支连接方法的成本较低时，也可以采用分支连接方法。那么，采用哪一种连接方法更适合一组楼层或整座建筑物的需要，唯一可靠的决策依据是，了解该座建筑物的通信需要，同时，

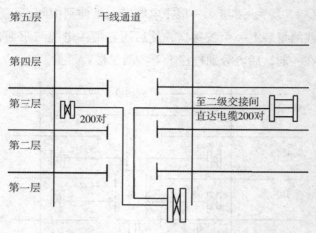

图 2-38　电缆直接端接

对所需的器材和劳务费进行成本比较后才能决定。

3. 干线子系统的布线通道

干线线缆布线通道的选择走向应选择较短的安全的路由。干线子系统的布线大多是垂直的，但也有水平的。路由的选择要根据建筑物的结构以及建筑物内预留的管道等决定。

（1）电缆通道类型

如果大楼有弱电间，在弱电间地板上，预留有圆孔或方孔，并将它们从地板上向上延伸25mm，为所有电缆孔建造高的护栏。在综合布线中，将方孔称为电缆井，圆孔称为电缆孔，如图 2-39 所示。

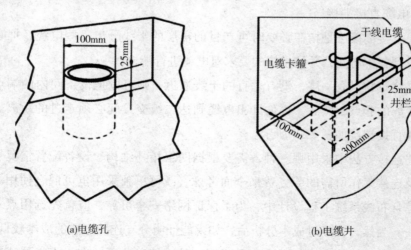

(a)电缆孔 　　　　　　　　　　　　　(b)电缆井

图 2-39　电缆孔与电缆井

如果建筑没有弱电间，则需要另外敷设桥架用以支撑干线线缆。

（2）确定通道规模

确定干线子系统的通道规模主要是确定干线通道和管理间的数目。确定的依据就是布线系统所要服务的可用楼层面积。如果所有给定楼层的所有信息插座都在配线间的 75m 范围之内，那么采用单干线接线系统，也就是说，采用一条垂直干线通道，且每个楼层只设一个管理间。如果有部分信息插座超出配线间 75m 范围之外，那就要采用双通道干线子系统，或者采用经分支电缆与设备间相连的二级交接间。

一般来说，同一幢大楼的管理间都是上下对齐的，如果未对齐，可采用大小合适的电缆管道系统将其连通。在楼层管理间里，要将电缆井或电缆孔设置在靠近支持电缆的墙壁附近。但电缆井或电缆孔不应妨碍端接空间。

（3）垂直通道布线

1）电缆孔方法

干线通道中所用的电缆孔是很短的管道，通常是用一根或数根直径为 100mm 的金属管做成。它们嵌在混凝土地板中，这是在浇注混凝土地板时嵌入的，比地板表面高出 25~100mm，也可直接在地板上预留一个大小适当的孔洞。电缆往往捆在钢丝绳上，而钢丝绳又固定到墙上已铆好的金属条上。当配线间上下都对齐时，一般可采用电缆孔方法，如图 2-40 所示。

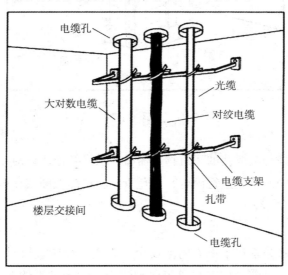

图 2-40　电缆孔布线方式

2）电缆井方法

电缆井是指在每层楼上开出的一些方孔，一般宽度为30cm，并有2.5cm高的井栏，具体大小要根据所布干线电缆的数量而定，如图2-41所示。在很多情况下，电缆井不仅仅是为综合布线系统的电缆而开设的，其他许多系统，如监控系统、消防系统、保安系统等弱电系统所用的电缆也都与之共用同一个电缆井。

在电缆井中安装电缆与电缆孔差不多，也是把电缆捆在或箍在支撑用的钢绳上，钢绳靠墙上金属条或地板三脚架固定住。电缆井的选择非常灵活，可以让粗细不同的各种电缆以任何组合方式通过。对于新建建筑物，首先应考虑采用电缆井方式。

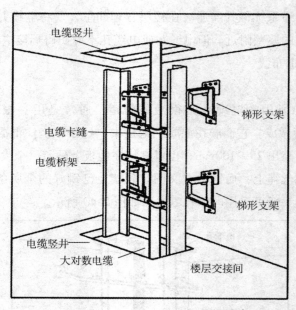

图 2-41　电缆井布线方式

3）管道方式

对于无电缆井与电缆孔的建筑物，需另外敷设管槽用以对干线子系统布线，需注意要对管槽中的电缆进行固定，避免重力将电缆拉断或使电缆变形，

（4）横向通道布线

1）金属管道方法

金属管道方法是指在水平方向架设金属管道，金属管道对干线电缆起到支撑和保护的作用。电缆穿放在管道等保护体内，管子可沿墙壁、顶棚明敷，也可暗敷于墙壁、楼板及地板等内部，如图2-42所示为穿越墙壁的管道。

在开放式通道和横向干线走线系统中，管道对电缆起机械保护作用。可以

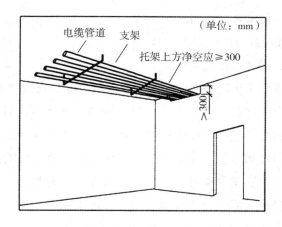

图 2-42　干线金属管道布线法

说，管道不仅有防火的优点，而且它提供的密封和坚固的空间使电缆可以安全地延伸到目的地。但是，管道很难重新布置，因而不太灵活，同时造价也高。在建筑设计阶段，必须周密考虑。土建施工阶段将选定的管道预埋在墙壁、地板或楼板中，并延伸到正确的交接点。

2）电缆桥架方法

电缆桥架包括梯架、托架、线槽三种形式。电缆梯架一般是铝制或钢制部件，外形很像梯子，但在两侧加了挡板，是电缆桥架的一种。若将它们安装在建筑物墙壁上，就可供垂直电缆走线；若安装在天花板上（吊顶内），就可供水平电缆走线。电缆铺在梯架上，由水平支撑件固定住，如图 2-43 所示。梯架方法最适合电缆数量很多的情况。待安装的电缆粗细和数量决定了梯架的尺寸。

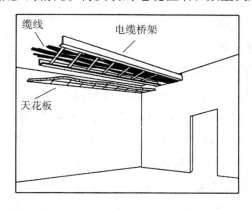

图 2-43　干线电缆桥架布线法

梯架便于安放线缆，省去了线缆管道的麻烦。但梯架的线缆外露，很难防

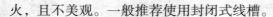

火，且不美观。一般推荐使用封闭式线槽。

（5）干线通道方案设计应注意的问题

1）不同主干线缆之间的隔离

布线设施中服务于不同功能的主干线缆应尽可能分离成独立的路径。例如，音频和数据主干应在两条分离的主干管道系统中或两组主干管道中走线。支持视频应用的线缆和光缆应穿入相关的第三条主干管道。主干线缆分离的目的是减少不同服务线路之间电磁干扰的可能性，并为不同种类的线缆（电缆和光缆）提供一层物理保护。这种分离可以简化整体线缆系统管理，为线缆提供整齐的路径、封装和端接。线缆的分离可通过以下方法完成：不同的主干管道；主干管道中独立的内部通道；独立的主干或套管；线槽内金属隔板隔离方法完成。

2）垂直线缆的支撑

垂直主干线缆的正确支撑不仅对于系统的性能，而且对于专用通信间中及四周工作人员的安全是至关重要的。如果线缆过重或支撑点过少会影响系统的长期使用性能。

在选择垂直支撑系统时，线缆可承受的垂直距离是一个重要的考虑因素，垂直距离以米为单位，它是线缆在不降低系统等级的情况下，可以承受的长期拉伸应力的线性函数。不同的线缆对所能承受的最大拉力均有明确限制，在设计和施工中应注意满足要求。

3）电缆井（孔）的防火

弱电竖井的烟囱效应对防火是非常不利的，因此当采用电缆井、电缆孔方式时，在线缆布放完后应该用防火材料密封所有的电缆井或电缆孔，包括其中有电缆的电缆井和电缆孔。

五、设备间子系统设计

1. 设备间子系统概述

设备间是大楼的电话交换机设备和计算机网络设备，以及建筑物配线设备（BD）安装的地点，也是进行网络管理的场所。是大楼中数据、音频垂直主干线缆终接的场所；也是建筑物的线缆进入建筑物终接的场所；更是各种数据、音频主机设备及保护设施的安装场所。设备间用于安装电信设备、连接硬件、接头套管等，为接地和连接设施、保护装置提供控制环境，是系统进行管理、控制、维护的场所。对综合布线工程设计而言，设备间主要安装总配线设备（BD 和 CD）。

设备间是安装各种通信或信息设备的专用房间，它提供一个安装设备的空间，其本身属于房屋建筑工程范畴，它是智能化建筑设计的组成部分。故在设备间内安装的通信或信息设备以及室内的电气照明或防火报警装置，分别属于通信或信息设备安装工程或土建工程，不属于综合布线系统工程。

2. 设备间的设计要点

（1）设备间的设置方案

设备间的位置及大小应根据设备的数量、规模、最佳网络中心、网络构成等因素，综合考虑确定。通常有以下几种因素会使设备间的设置方案有所不同。

①主体工程的建设规模和工程范围的大小。设备间的规模随着其作用范围而不同。建筑群设备间（网络中心机房 CD）是整个综合布线系统的核心结点，其设备的数量较多，设备间的设计较为严格。通常情况下建筑物设备间（BD）只是一幢建筑物的中心结点，其设备数量较少，设备间的设计相对来说较为简单。

②设备间内安装的设备种类和数量多少。在设备间内只有综合布线系统设备的专用房间或与其他设备合用，例如，用户电话交换机和计算机主机及配套设备，这就有专用机房或全用机房之别，又会有设备数量多少和布置方式不同的因素影响房间面积的大小和设备布置。

③设备间有无常驻的维护管理人员，是专职人员用房还是合用共管的性质，这些都会影响到设备间的位置和房间面积的大小等。

每幢建筑物内应至少设置 1 个设备间，如果用户电话交换机与计算机网络设备分别安装在不同的场地或根据安全需要时，也可设置 2 个或 2 以上的设备间，以满足不同业务的设备安装需要。

当信息通信设施与配线设备分别设置时考虑到设备电缆有长度限制的要求，安装总配线架的设备间与安装电话交换机及计算机的设备间之间的距离不宜太远，以免影响信息传输的质量。

（2）设备间的位置

设备间的位置及大小应根据建筑物的结构、综合布线系统规模、管理方式以及应用系统设备的数量等方面进行综合考虑，择优选取。一般而言，设备间应尽量建在建筑平面及综合布线干线综合体的中间位置。在高层建筑中，设备间也可以设置在 1、2 层。确定设备间位置可以参考以下设计规范：

①设备间的位置应尽量建在建筑物平面及其干线子系统的中间位置，并考虑主干缆线的传输距离和数量，也就是应布置在综合布线系统对外或内部连接各种通信设备或信息缆线的汇合集中处。

②设备间位置应尽量靠近引入通信管道和电缆竖井（或上升房或上升管槽）处，这样有利于网络系统互相连接，且距离较近。要求网络接口设备与引入通

信管道处的间距不宜超过 15m。

③设备间的位置应便于接地装置的安装。尽量减少总接地线的长度，有利于降低接地电阻值。

④设备间应尽量远离高低压变配电、电机、X 射线、无线电发射等有干扰源存在的场地，也应尽量远离强震源(水泵房)、强噪声源、易燃(厨房)、易爆(油库)和高温(锅炉房)等场所。在设备间的上面或靠近处，不应有卫生间、浴池、水箱等设施或房间，以确保通信安全可靠。

⑤设备间的位置应选择在内外环境安全、客观条件较好(如干燥、通风、清静和光线明亮等)和便于维护管理(如为了有利搬运设备，宜邻近电梯间，并要注意电梯间的大小和其载重限制等细节)的地方。

(3)设备间的面积

设备间的使用面积不仅要考虑所有设备的安装面积，还要考虑预留工作人员管理操作的地方。设备间内应有足够的设备安装空间，其使用面积不应小于 $10m^2$，该面积不包括程控用户交换机、计算机网络设备等设施所需的面积在内。

一般情况下，综合布线系统的配线设备和计算机网络设备采用 19in 标准机柜安装。机柜尺寸通常为 600mm(宽)×900mm(深)×2000mm(高)或 600mm(宽)×600mm(深)×2000mm(高)，共有 42u(1u = 44.45mm)的安装空间。机柜内可以安装光纤配线架、RJ-45 配线架、交换机、路由器等等。如果一个设备间以 $10m^2$ 计，大约能安装 5 个 19in 的机柜。在机柜中安装电话大对数电缆多对卡接式模块、数据主干缆线配线设备模块，大约能支持总量为 6000 ~ 8000 个信息点所需(其中电话和数据信息点各占 50%)的建筑物配线设备安装空间。

(4)设备间的工艺要求

设备间的工艺要求较多，主要有以下几点：

①设备间梁下净高不应小于 2.5m，采用外开双扇门，门宽不应小于 1.5m；

②设备间室内温度应为 10 ~ 35℃，相对湿度应为 20% ~ 80%，超出这个范围，将使设备性能下降，寿命缩短，并应有良好的通风；

③设备间内应保持空气清洁，应防止有害气体(如氯、碳水化合物、硫化氢、氮氧化物、二氧化硫等)侵入，并应有良好的防尘措施。要降低设备间的尘埃度，需要定期地清扫灰尘，工作人员进入设备间应更换干净的鞋具。

④为了方便工作人员在设备间内操作设备和维护相关的综合布线器件，设备间内必须安装足够照明度的照明系统，并配置应急照明系统。

⑤根据综合布线系统的要求，设备间无线电干扰的频率应在 0.15MHz ~

1000MHz 范围内，噪声不大于 120dB，磁场干扰场强不大于 800A/m。

⑥供电系统

设备间供电电源应满足的要求：

频率：50Hz；

电压：380V/220V；

相数：三相五线制、三相四线制或单相三线制。

设备间内供电可采用直接供电和不间断供电相结合的方式。为了防止设备间的辅助设备用电干扰数字程控交换机、计算机及其网络互连设备，可将设备间的辅助用电设备由市电直接供电，数字程控交换机、计算机及其网络互连设备由不间断电源供电。

3. 设备间线缆敷设

设备间内的线缆敷设方式应根据房间内设备布置和线缆经过段落的具体情况，可以分别选用在活动地板下敷设、地板或墙壁沟槽内敷设、穿放在预埋的管路中或在机架上敷设等几种方式。其中活动地板下敷设、线槽内敷设、预埋管路敷设可参考配线子系统布线方案中的介绍。

如图 2-44 所示为在机架上安装桥架的敷设线缆方式，架桥的尺寸根据线缆需要设计，在已建或新建的建筑中均可使用这种敷设方式(除楼层层高较低的建筑外)，它的适应性较强，使用场合较多。

(a)　　　　　　　　　　　　　(b)

图 2-44　机架上安装桥架的敷设线缆方式

采用机架具有不受建筑的设计和施工限制，可以在建成后安装，便于施工和维护，也有利于扩建，能适应今后变动的需要等优点。但线缆敷设不隐蔽、不美观。

六、进线间设计

1. 进线间概述

进线间实际就是通常称的进线室，是建筑物外部通信和信息管线的入口部位，并可作为入口设施和建筑群配线设备的安装场地。

2. 进线间的位置

一般一个建筑物宜设置一个进线间，通常位于负一楼或一楼。

由于许多的商用建筑物地下一层环境条件大大改善，可安装电、光的配线架设备及通信设施。在不具备设置单独进线间或入楼电、光缆数量及入口设施较少的建筑物也可以在入口处采用挖地沟或使用较小的空间完成缆线的成端与盘长，入口设施则可安装在设备间，最好是单独的设置场地，以便功能区分。

3. 进线间设计要点

①进线间因涉及因素较多，难以统一提出具体所需面积，可根据建筑物实际情况，并参照通信行业和国家的现行标准要求进行设计。

②进线间应满足缆线的敷设路由、成端位置及数量、光缆的盘长空间和缆线的弯曲半径以及各种设备（如充气维护设备、引入防护设备和配线接续设备）等安装所需要的空间和场地面积。

③建筑群主干电缆和光缆、公用网和专用网电缆、光缆及天线馈线等室外缆线进入建筑物时，应在进线间成端转换成室内电缆、光缆，入口设施中的配线设备应按引入的电、光缆容量配置。

④在进线间缆线入口处的管孔数量应留有充分的余量，以满足建筑物之间、建筑物弱电系统、外部接入业务及多家电信业务经营者和其他业务服务商缆线接入的需求，建议留有 2~4 孔的余量。

4. 进线间设计应符合下列规定：

①进线间应采取切实有效地防止渗水的措施，并设有抽排水装置；

②进线间应与综合布线系统的垂直布置（或水平布置）的主干缆线竖井沟通，连成整体；

③进线间应按相应的防火等级配置防火设施。例如门向外开的防火门，宽度不小于 1m；

④进线间应设防有害气体措施和通风装置，排风量按每小时不小于 5 次容积计算；

⑤进线间内不允许与其无关的管线穿越或通过；

⑥引入进线间的所有管道的管孔（包括现已敷设缆线或空闲的管孔）均应采用防火和防渗材料密封严堵，切实做好防水防渗处理，保证进线间干燥不湿；

⑦进线间内如安装通信配线设备和信息网络设施，应符合相关规范和设备安装设计的要求。

七、建筑群子系统设计

1. 建筑群子系统概述

建筑群子系统主要应用于多栋建筑物组成的建筑群综合布线场合，单幢建筑物的综合布线系统可以不考虑建筑群子系统。

建筑群子系统也称楼宇管理子系统。连接各建筑物之间的综合布线系统缆线、建筑群配线设备和跳线等共同组成了建筑群子系统。

建筑群子系统的作用是：连接不同楼宇之间的设备间，实现大面积地区建筑物之间的通信连接，并对电信公用网形成唯一的出、入端口。

2. 建筑群子系统的设计要求

建筑群子系统的设计主要考虑布线路由选择、线缆选择、线缆布线方式等内容，应按以下要求进行设计：

（1）考虑环境美化要求。

建筑群子系统的设计应充分考虑建筑群覆盖区域的整体环境美化要求，建筑群干线电缆、光缆应尽量采用地下管道或电缆沟敷设方式。

（2）考虑建筑群未来发展需要。

在线缆布线设计时，要充分考虑各建筑需要安装的信息点种类、信息点数量，选择相对应的干线电缆类型以及电缆敷设方式，使综合布线系统建成后保持相对稳定，能满足今后一定时期内各种新的信息业务发展需要。

（3）线缆路由选择。

考虑到节省投资，线缆路由应尽量选择距离短、线路平直的路由。但具体的路由还要根据建筑物之间的地形或敷设条件而定。在选择路由时，应考虑原来已铺设的各种地下管道，线缆在管道内应与电力线缆分开敷设，并保持一定距离。

（4）电缆引入要求。

建筑群干线电缆和光缆，公用网和专用网电缆、光缆及天线馈线等室外线进入建筑物时，都应在进线间转换为室内电缆、光缆，在室外线缆的终端处需设置入口设施，入口设施中的配线设备应按引入的电缆和光缆的容量配置。引入设备应安装必要保护装置以达到防雷击和接地的要求。当干线电缆引入建筑物时，应以地下引入为主，如果采用架空方式，应尽量采用隐蔽方式引入。

（5）干线电缆、光缆交接要求。

建筑群干线电缆、光缆布线的交接不应多于 2 次。从每栋建筑物的楼层配线架到建筑群设备间的配线架之间只应通过一个建筑物配线架。

（6）线缆的选择。

建筑群子系统敷设的线缆类型及数量由综合布线连接应用系统种类及规模确定。

3. 建筑群子系统的布线方法

建筑群子系统传输线路的敷设方式有架空和地下两类。架空布线方式又分为架空杆路和墙壁挂放两种；根据电缆与吊线固定方式又可分为自承式和非自承式两种。地下敷设方式分为管道、电缆通道（包括渠道和隧道）和直埋方式 3 种。

（1）架空杆路布线法

架空杆路布线法是用电杆将线缆在建筑物之间悬空架设。对于自承式电缆或光缆，可直接架设在电杆之间或电杆与建筑物之间；对于非自承式电缆或光缆，则首先需架设钢索（钢丝绳），然后在钢索上挂放电缆或光缆。

架空杆路布线方法通常只用于有现成电线杆，而且电缆的走线方式无特殊要求的场合。如果原先就有电线杆，这种方法的成本较低。但是，这种布线方式不仅影响美观，而且保密性、安全性和灵活性也差，所以一般不采用。

如果架空线的净空有问题，可以使用天线杆型的入口。这个天线杆的支架一般不应高于屋顶 1.2m。这个高度正好使人可摸到电缆，便于操作。如果再高，就应使用拉绳固定。架空电缆通常穿入建筑物外墙上的 U 形钢保护套，然后向下（或向上）延伸，从电缆孔进入建筑物内部，如图 2-45 所示。电缆入口的孔径一般为 5cm。通常建筑物到最近处的电线杆相距应小于 30m。通行电缆与电力电缆之间的间距应服从当地城管等部门的有关法规。

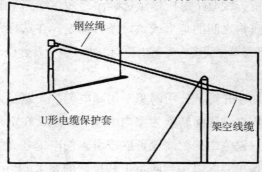

图 2-45　架空杆路布线法

（2）墙壁挂放布线法

在墙壁上挂放线缆与架空杆路相似，一般采用电缆卡钩沿墙壁表面直接敷设或先架设钢索后用卡钩挂放。通常情况下，架空布线总是将线杆架设和墙壁挂放这两种方法混合使用。

（3）直埋布线法

电缆或光缆直埋敷设是沿已选定的路线挖沟，然后把线缆埋在里面。一般在线缆根数较少而敷设距离较长时采用此法。电缆沟的宽度应视埋设线缆的根数决定。直埋电缆通常应埋在距地面 0.7m 以下的地方（或者按照当地城管等部门的有关法规），遇到障碍物或冻土层较深的地方，则应适当加深，使线缆埋于冻土层以下。当无法埋深时，应采取措施，防止线缆受到损伤。在线缆引入建筑物，与地下建筑物交叉及绕过地下建筑物处，则可浅埋，但应采取保护措施。直埋线缆的上下部位应铺以不小于 100mm 厚的软土或细沙层，并盖以混凝土保护板，其覆盖宽度应超过线缆两侧各 50mm，也可用砖块代替混凝土盖板。

当线缆与街道、园区道路交叉时，应穿保护管（如钢管），线缆保护管顶面距路面不小于 1m，管的两端应伸出道路路面。线缆引出和引入建筑物基础、楼板和过墙时均穿钢管保护。穿越建筑物基础墙的线缆保护管应往外尽量延伸，达到不动土的地方，以免以后有人在墙边挖土时损坏电缆。如果在同一电缆沟里埋入了通信电缆和电力电缆，应设立明显的功用标志。

在选择最灵活、最经济的直埋布线路由时，主要的物理影响因素是土质、公用设施（如下水道，水、电、气管道），以及天然障碍物，如树林、石头等。

城市建设的发展趋势是让各种线缆、管道等设施隐蔽化，所以弱电电缆和电力电缆合埋在一起将日趋普遍。这样的共用结构要求有关部门在设计、施工，乃至未来的维护工作中相互配合、通力合作，同时这种公用设施也日益需要用户的合作。

（4）管道布线法

管道布线是一种由管道和入（手）孔组成的地下系统，它把建筑群的各个建筑物进行互连。图 2-46 所示为多根管道通过基础墙进入建筑物内部的结构。管道布线方法为电缆提供了最好的机械保护，使电缆免受损坏而且不会影响建筑物的原貌及其周围环境。

电缆管道宜采用混凝土排管、塑料管、钢管和石棉水泥管。混凝土管的管孔内径一般为 70mm 或 90mm，塑料管、钢管和石棉水泥管等用作主干管道时可

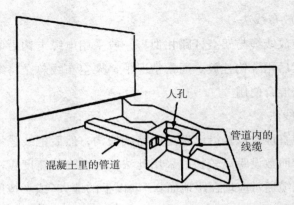

图 2-46　管道布线法

用内径大于 75mm 的管子。上述管材的管道可组成矩形或正方形并直接埋地敷设。埋设深度一般为 0.8 ~1.2m。电缆管道应一次留足必要的备用孔数，当无法预计发展情况时，可留 10% 的备用孔，但不少于 1 ~2 孔。

电缆管道的基础一般为混凝土。在土质不好、地下水位较高、冻土线较深和要求抗震设计的地区，宜采用钢筋混凝土基础和钢筋混凝土人孔。在线路转角、分支处应设人孔井。在直线段上，为便于拉引线缆也应设置一定数量的人孔井，每段管道的长度一般不大于 120m，最长不超过 150m，并应有大于或等于 2.5% 的坡度。

在电源人孔和通信人孔合用的情况下（人孔里有电力电缆），通信电缆不能在人孔里进行端接。通信管道与电力管道必须至少用 80mm 的混凝土或 300mm 的压实土层隔开。

（5）电缆通道布线法（包括渠道和隧道）

电缆通道布线法（包括渠道和隧道）是在建筑的电缆通道内，先安装金属支架，通信线缆则布放在金属支架上。这种布线方法维护、更换、扩充线路非常方便，如果与其他弱电系统合用将是一种不错的选择。在满足净距要求的条件下，通信电缆也可以与 1kV 以下电力电缆共同敷设。电缆通道布线（包括渠道和隧道）

4. 建筑群子系统的设计步骤

（1）了解敷设现场

包括确定整个建筑群的大小、建筑地界、建筑物的数量等。

（2）确定电缆系统的一般参数

包括确定起点位置、端接点位置、涉及的建筑物和每幢建筑物的层数、每个端接点所需的双绞线对数、端接点数及每幢建筑物所需要的双绞线总对数等。

（3）确定建筑物的电缆入口

①对于现有建筑物：要确定各个入口管道的位置；每幢建筑物有多少入口管道可供使用；入口管道数目是否符合系统的需求等。

②如果入口管道不够用，则要确定在移走或重新布置某些电缆时是否能腾出某些入口管道；在实在不够用的情况下应另装多少入口管道等。

③如果建筑物尚未建起来，则要根据选定的电缆路由去完成电缆系统设计，并标出入口管道的位置，选定入口管道的规格、长度和材料。建筑物电缆入口管道的位置应便于连接公用设施，根据需要在墙上穿过一根或多根管道。所有易燃物如聚丙烯管道、聚乙烯管道衬套等应端接在建筑物的外面，电缆的聚丙烯护皮可以例外，只要它在建筑物内部的长度（包括多余电缆的卷曲部分）不超过15m。反之，如外线电缆延伸到建筑物内部长度超过15m，就应使用合适的电缆入口器材，在入口管道中填入防水和气密性很好的密封胶。

（4）确定明显障碍物的位置

包括确定土壤类型（沙质土、黏土、砾土等）、电缆的布线方法、地下公用设施的位置、查清在拟定电缆路由中沿线的各个障碍位置（铺路区、桥梁、铁路、树林、池塘、河流、山丘、砾石土、截留井、人字形孔道）、地理条件、对管道的要求等。

（5）确定主电缆路由和备用电缆路由

包括确定可能的电缆结构、所有建筑物是否共用一根电缆、查清在电缆路由中哪些地方需要获准后才能通过、选定最佳路由方案等。

（6）选择所需电缆类型

包括确定电缆长度、画出最终的系统结构图、画出所选定路由位置和挖沟详图、确定入口管道的规格、选择每种设计方案所需的专用电缆、保证电缆可进入口管道、选择管道（包括钢管）规格、长度、类型等。

（7）确定每种选择方案所需的劳务费

包括确定布线时间、计算总时间、计算每种设计方案的成本，成本为总时间乘以当地的工时费。

（8）确定每种选择方案所需的材料成本

包括确定电缆成本、所有支持结构的成本、所有支撑硬件的成本等。

（9）选择最经济、最实用的设计方案

包括把每种选择方案的劳务费和材料成本加在一起，得到每种方案的总成本；比较各种方案的总成本，选择成本较低者；确定比较经济的方案是否有重大缺点，以致抵消了经济上的优点。如果发生这种情况，应取消此方案，考虑经济性较好的设计方案。

任务实施

一、确定布线结构

学生宿舍楼综合布线系统采用星型布线结构。

二、选择传输介质

从网络的使用情况和设计成本这两个方面综合考虑，对学生宿舍楼综合布线系统的传输介质做如下选择：配线子系统线缆采用超 5 类非屏蔽双绞线；干线线缆采用 6 芯 62.5/125μm 室内多模光缆；建筑群线缆采用室外束管式管道光缆。

1. 配线子系统线缆选择

①如果学生宿舍楼综合布线系统采用全光网络，会使布线成本非常高，学生还需购买昂贵的光纤网卡才能接入到网络中，从资金投入与资源使用情况来看都是一种浪费，因此不考虑对学生宿舍楼采用全光网系统。

②5 类以下的双绞线是早期以太网的传输线缆，已不适合在当今的 100BASE – T 的网络中，应此不考虑采用 5 类以下的双绞线。

③5 类双绞线虽然可以支持 100Mbit/s 的网络传输，但超 5 类线与 5 类线的成本相同，从性价比考虑，不选用 5 类双绞线。

④6 类双绞线可以提供比超 5 类双绞线更大的带宽，但从实际情况来看，一方面，超 5 类双绞线最大的带宽可达到 100Mbit/s，占用资源最大的视频点播系统用超 5 类双绞线已经可以实现；另一方面 6 类线的布线方案要比超 5 类线的布线方案的成本高，因此选择超 5 类双绞线。

⑤学生宿舍楼周围并没有强磁场的干扰源，学生宿舍楼水平布线选择非屏蔽双绞线较为合适。

2. 干线子系统线缆选择

①干线线缆连接着楼层配线间和设备间，承受着较大的传输流量，采用双绞线作为干线线缆可能会使得干线成为整个布线系统的瓶颈，影响学生上网。

②光纤具有频带宽、通信容量大、抗电磁干扰、无串音干扰等优点，这些都是干线线缆应具备的属性，因此决定在干线线缆中使用光纤。

③光纤系统中至少应有 2 根光纤，一根用来发送，一根用来接收。但考虑到线缆的预留与备份，布线时仅敷设 2 根光纤是不科学的，考虑到光纤易损的缺点，另外增加 4 条光纤作为预留与备份，故学生宿舍楼的干线线缆选用 6 芯光纤。

④干线线缆采用 62.5/125μm 的多模光纤，因为单模光纤主要用于室外的远距离传输，干线的距离属于中短距离，使用多模光纤已足够；另一方面多模光纤要比单模光纤便宜许多，采用多模光纤可节省成本。干线系统采用室内光缆，因为室内光缆没有室外光缆那么多的加强元件，敷设起来较为方便。

三、工作区子系统设计

1. 学生宿舍楼工作区子系统面积

根据需求分析与了解，学生在宿舍内一般会在以下两个地方使用电脑：

①书桌。部分学生使用的是台式机，台式机质量和体积都比较大，只能摆放在书桌上，由此可判断出书桌区域的工作区子系统的面积约为 $2 \sim 5m^2$。

②床上。还有一部分学生使用的是笔记本电脑，笔记本电脑因其体积小、轻便，较多的同学会在床上使用笔记本电脑，其工作区面积约为 $5m^2$。

2. 学生宿舍楼工作区子系统规模

（1）信息点类型

信息点的模块选用 RJ-45 信息模块。在前面的线缆设计中，我们已经计划采用的水平线缆为 UTP5e 双绞线，因此工作区的信息点应该为 UTP5e 的信息点才能与线缆的类型相对应。

（2）信息点数量

计划为学生宿舍楼每间宿舍安装 2 个信息点。其中一个为常用信息点，另一个为备用信息点，之所以采用这种设计方式，主要是从以下几个方面进行考虑：

①从线路的冗余来看：2 个信息点都有独立的线缆连接到楼层配线间的配线架上，通过跳线对配线架与交换机连接进行管理。正常情况下，常用信息点是连通的，学生的电脑将通过这个信息点接入网络；而备用信息点的配线架与交换机之间并无跳线连接，当常用信息点出现故障不能使用时，再将跳线备用信息的线路连通，这就为今后的网络维护提供了方便。

②从线路的利用率来看：一条 UTP5e 已足够提供给一间宿舍的 6 个学生使用。如果宿舍只有一台电脑，可直接通过跳线连接至信息插座上；如果宿舍有多台电脑，可以让学生购买一台简易交换机，先将交换机通过跳线连接至信息

插座上，各台电脑再用跳线连接至交换机上，如果有需要，也可以利用无线网桥，使学生的笔记本电脑通过无线网桥连接至网络中，这样，就不会让线路空闲，从而提高了网络的利用率，另一方面也防止学生乱拉网线。

③从设计成本来看：2个信息点的材料成本只有6个材料信息点的1/3，这样就大大降低了材料成本，同时还可以大大降低施工与维护的成本。

3. 信息插座的安装方式与位置

（1）信息插座的安装方式

信息点在信息插座中，信息插座直接安装在墙上。学生宿舍楼为已建好并投入使用的建筑，之前并没有为信息插座预留插座槽，如果要安装信息插座，就要对墙体进行开凿，一方面可能会增加施工难度，另一方面也会破坏墙体。因此决定采用表面安装插座的方式。

两个信息点的信息模块共用一个双口面板和底盒，采用这种方式可以节约一个面板和底合的材料和施工成本。

（2）信息点的位置

学生宿舍中，在距离门框250mm、地面300mm处，已安装了2个强电电源插座，决定将信息插座安装在距离门框450mm，距离地面高度300mm处，如图2-47所示。在此处安装信息插座一方面符合相关规定，另一方面信息点安装在电脑桌旁，可方便学生连网。

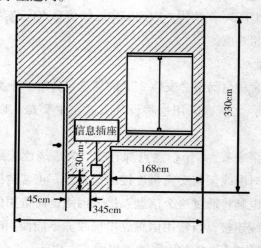

图2-47　信息点位置图

（3）信息点数量统计

学生宿舍楼共有8层，每层结构一样，在前面的设计中已经确定学生宿舍楼每间宿舍内安装 2 个信息点，一层楼有 40 个信息点，共有 320 个信息点，如图 2-48 所示。

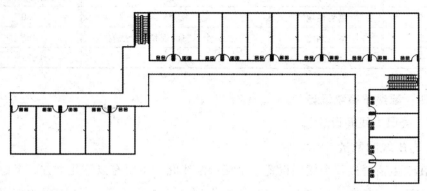

图 2-48 学生宿舍楼单层信息点分布图

4. 学生宿舍楼工作区子系统材料核算

经计算，共需 330 个超 5 类非屏蔽信息模块。2 个信息点安装在同一个双口面板的信息插座内，共需约 165 个信息插座，信息插座包括底盒和面板，2 个信息点其中一个为正常使用，一个为备用，只需为正常使用的信息点配备跳线。利用其他子系统线缆敷设完成后留下的双绞线制作跳线，每根跳线需要 2 个水晶头，共需水晶头约 740 个。

工作区所需信息模块数量：

$M = N + N \times 3\%$

$M = 320 + 320 \times 3\%$

$M \approx 330$ 个

工作区所需要信息插座数量：

$M = 330 \div 2$

$M \approx 165$ 个

工作区所需水晶头数量：

$M = N \times 2 + N \times 2 \times 5\%$

$M = 320 \times 2 + 320 \times 2 \times 5\%$

$M \approx 672$ 个

5. 学生宿舍楼工作区子系统用料表

经过统计与核算，学生宿舍楼工作区子系统所需用到的材料如表 2-3 所示。

表 2-3　学生宿舍楼工作区子系统用料表

序号	名称	规格	数量（个）
1	信息模块	RJ-45	330
2	信息插座	包括一个双口面板和一个底盒	165
3	水晶头	RJ-45	672

四、配线子系统设计

1. 楼层配线间设计

（1）配线间数量

在学生宿舍楼每个楼层设置一个楼层配线间。主要有以下几个方面考虑：

①学生宿舍楼每层楼共有 40 个信息点，其中 20 个为正常使用的信息点，需连接至交换机上，另 20 个信息点为备用信息点，可不必连至交换机上，通常情况下，交换机端口数为 24 个，恰好够一层楼信息点的使用。

②如果两层或多层楼共用一个配线间，可能会使得配线间信息点较多而增加管理的复杂程度，另一方面，多层楼共用楼层配线间可能会使楼层配线间设备较多，需要专门的房间来放置这些设备，这样就会减少供学生居住的宿舍；

③学生宿舍楼的水平布线距离并没有超过 90m，一层楼一个楼层配线间已经够用，因此不必在一层楼中设置两个楼层配线间。

（2）配线间位置

楼层线配线间安装在如图 2-49 所示位置，采用壁挂式机柜。主要从以下几个方面考虑：

①从环境来看，学生宿舍楼并没有适合摆放楼层配线间的弱电井或配线间；从规模来看，楼层配线间的设备不是很多，可采用墙上壁挂式机放置楼层配线间。

②从水平位置来看，如果将楼层配线间放置在楼层任意一边，会使得另一端宿舍房间的信息点离楼层配线间距离较远，而将楼层配线间设置在靠近楼层中间的位置，可使楼层两边各信息点到楼层配线间的距离较平均，不至过远。

（3）连接方式

学生宿舍楼楼层配线间计划采用互相连接的方式，从每间宿舍信息插座出来的水平线缆另一端连接至楼层配线间配线架上，再通过跳线连接至交换机上。主要有以下几个方面考虑：

①采用这种连接方式，很方便地管理各宿舍信息点的连通性，要将某宿舍

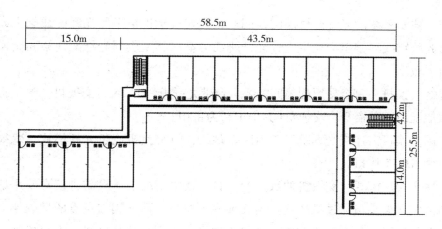

图 2-49　楼层配线间安装位置图

的信息点从网络中断开，只需将跳线从端口中拔出即可。

②采用这种布线方式，出现问题的概率较少，且出现问题的种类较为集中，解决起来也比较简单。较易出现的问题及解决方法如下：

跳线问题：更换跳线；

配线架模块问题：将水平线缆连接至配线架的另一模块上；

交换机端口问题：将跳线跳接至另一端口；

交换机故障：重新配置交换机或更换交换机。

（4）配线间设备选择

①双绞线配线架。学生宿舍楼楼层配线间共需 18 个超 5 类非屏蔽双绞线配线架（其中 2 个备用）。

学生宿舍楼每层共有 40 个信息点，在楼层配线间将这 40 个信息点的水平线缆都打在配线架上，故配线架也为超 5 类 RJ-45 模块的配架。40 个信息点中有 20 个为常用信息点，需要通过跳线连接至交换机中，跳线双绞线为超 5 类双绞线，水晶头为 RJ-45 型号。

20 个备用信息点的水平线缆也需连接至配架上，只有需要时才用跳线将其与交换机相连。

一个楼层配线间中需 2 个 24 口超 5 类 RJ-45 配线架，一个配线架作常用信息点配线架，连接 20 个模块，4 个模块预留备用；另一个配线架为备用信息点的配线架，连接 20 个模块，4 个模块备用。

②光纤配线架。每个楼层配线间需要 1 个光纤配线架，学生宿舍楼共需 9 个光纤配线架（其中 1 个备用）。

干线子系统的光纤至楼层配线间后，先连接至机柜中的光纤配线架上，再通过光纤跳线连接至交换机上，光纤跳线的端口类型应与光纤配线架和交换机端口一致。

③交换机。每个楼层配线间需要 1 台带光纤模块的 24 口交换机，学生宿舍楼楼层配线间共需 9 台交换机（其中 1 台为备用）。

因交换机需连接光纤跳线与 RJ-45 跳线，故交换机应带光纤模块，双绞线接口为 RJ-45 接口。

每个楼层配线间交换机的数量为一台，通常情况下，只需将正常使用信息空白的配线架端口通过跳线连接至交换机上端口，而备用信息点的配线架只有在需要使用时才与交换机连接。将来，如果学生宿舍楼的网络需求量增加，一条超 5 类双绞线不能满足需要时，可将备用信息点开放，到时只需增加一台 24 口交换机，将备用信息点通过跳线连接至交换机上即可。

④理线架。每个楼层配线间需 3 个理线架，学生宿舍楼楼层配线间共需 26 个理线架（其中 2 个备用）。

无论是交换机还是配线架上，都需要连接至少 20 跟跳线，为了整理与管理跳线，需为每台交换机与 RJ-45 配线架各配置一个理线架。

⑤机柜。每个楼层配线间需要 1 个壁挂式 19 寸机柜，机柜高度为 12U。学生宿舍楼楼层配线间共需 8 个壁挂式机柜（因机柜属物理设备，且数量不多，故此处不考虑备用机柜）。

机柜类型采用壁挂式 19 寸机柜，机柜高度根据所选用的设备确定，每层楼的楼层配线间需 1 个光纤配线架，2 个 RJ-45 配线架，1 台交换机，3 个理线架，共有 4 种设备，占用至少 7U 的高度，考虑到将来可能会添加一个交换机和一个理线架作为备用信息点使用，将占用 2U 的高度，另外至少应预留 3U 的空间供设备散热与存放水平布线子系统预留的线缆，故机柜高度为 12U 较为合适。

学生宿舍楼楼层配线间共需 8 个壁挂式机柜（因机柜属物理设备，且数量不多，故此处不考虑备用机柜）。

⑥双绞线跳线。双绞线跳线采用现场自制，所需水晶头数量和型号与工作区子系统一致，学生宿舍楼楼层配线间共需水晶头约 672 个。双绞线利用水平子系统所产生的尾线。

⑦光纤跳线。光纤跳线用来连接光纤配线架与交换机上的交换机模块，连接头的型号应与光纤配线架与光纤模块匹配。光纤跳线因制作较为复杂，因此直接购买。学生宿舍楼楼层配线间共需光纤跳线 20 根（其中 4 根备用）。

（5）机柜布局图

机柜布局如图 2-50 所示。机柜高 12U，从下往上分别为 1U ～ 12U，最高的 12U 不安装设备，用以机柜散热；11U 处安装光纤配线架；10U 与 8U 处安装双绞线配线架；6U 处安装交换机；9U、7U 与 5U 处安装理线架，这样方便整理插接到配线架和交换机上的跳线；4U 与 3U 处预留，用以将来扩展网络时安装交换机和理线架；1U 与 2U 处的空间用以放置水平子系统与干线子系统预留的双绞线与光纤。

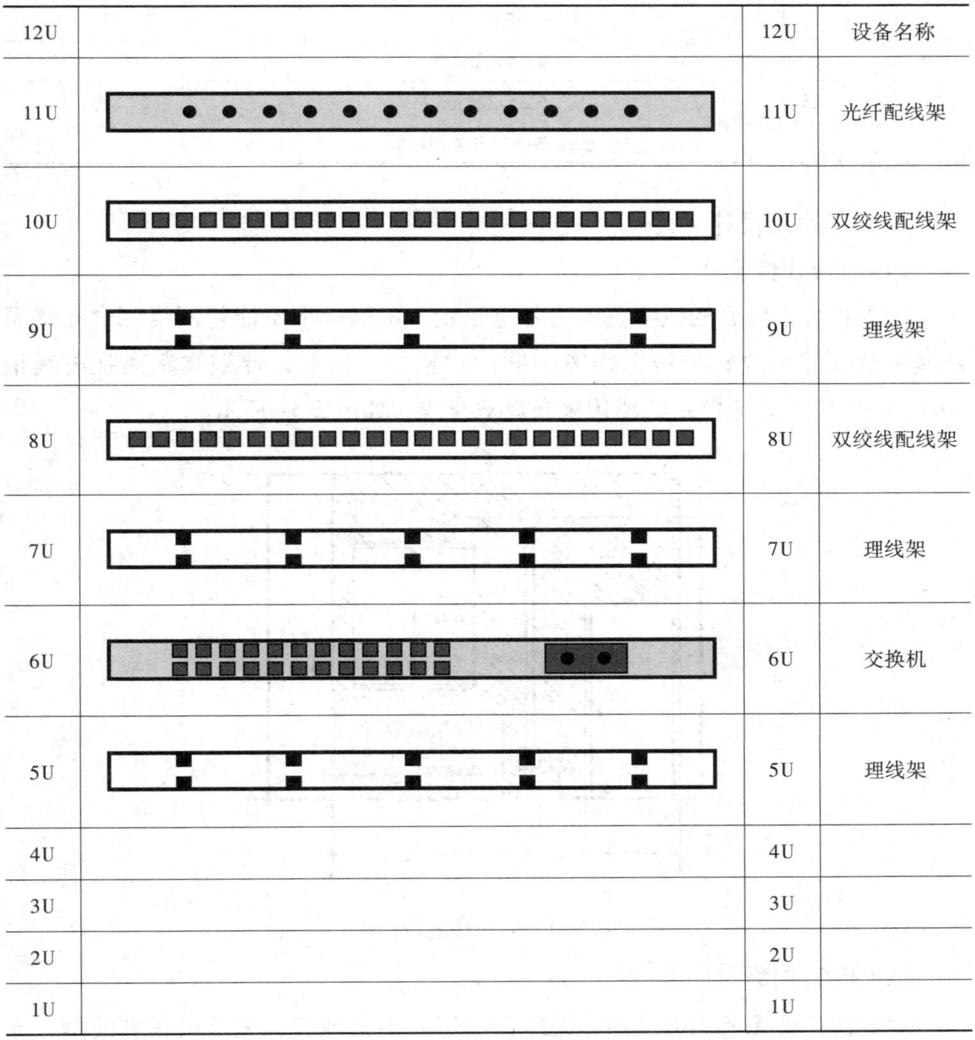

12U		12U	设备名称
11U		11U	光纤配线架
10U		10U	双绞线配线架
9U		9U	理线架
8U		8U	双绞线配线架
7U		7U	理线架
6U		6U	交换机
5U		5U	理线架
4U		4U	
3U		3U	
2U		2U	
1U		1U	

图 2-50　机柜布局图

（6）楼层配线间所需材料一览表，如表 2-4。

表 2-4　楼层配线间所需材料

序号	名称	规格	数量	单位
1	RJ-45 配线架	24 口	18	个
2	交换机	带路由功能三层交换机 带光纤模块 24 口	9	个
3	光纤配线架	12 口	9	个
4	壁挂式机柜	12U	8	个
5	水晶头	RJ-45	672	个
6	理线架	双绞线理线架	26	个
7	光纤跳线	62.5/125μm 连接端口与设备相匹配	20	条

2. 水平系统设计

（1）室内线槽设计

学生宿舍内原有的线缆系统为强电系统，根据标准不能将网络综合布线系统非屏蔽线缆布放到与强电线缆相同的线槽中。因此，计划在距离强电线槽10cm 之外另外安装 PVC 线槽用来布放双绞线，如图 2-51 所示。

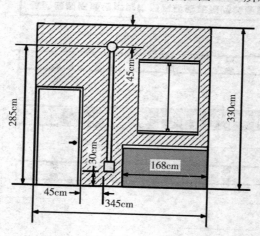

图 2-51　室内线槽设计图

（2）走廊线槽设计

学生宿舍楼无天花板吊顶、无地面垫层或高架地板、无墙内预埋线槽，无法采用暗敷布线，因此采用明敷布线，在走廊天花板下安装金属线槽，如图2-52所示。

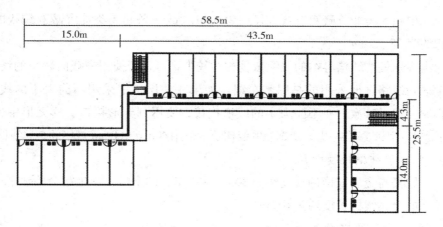

图 2-52　走廊线槽设计图

在距离走廊墙面 30cm 处从天花板下吊装金属线槽，天花板每隔 3m 有高 35cm 的横梁，故金属线槽吊装在距离天花板 45cm 的高度。每个房间的线缆通过 PVC 管以穿墙方式引入到房间内的 PVC 线槽中，如图 2-53 所示。

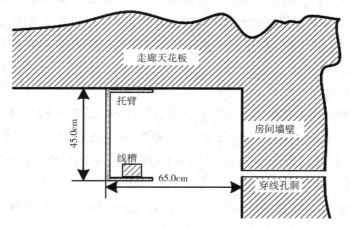

图 2-53　走廊线槽位置图

（3）金属线槽大小计算

在楼层配线间边上的线槽是容纳线缆数量最多的线槽，因此该处的线槽最大。从学生宿舍楼水平布线子系统布线图可看出，机柜边的线槽内线缆最多，共需容纳 40 根线缆，经计算得该处应选择 40mm×80mm 的金属线槽。

管槽截面积 $= (n×线缆截面积)/[70\%×(40\%\sim 50\%)]$

$\qquad = (40×28.26)/[70\%×50\%]$

$\qquad = 3230mm^2$

式中超 5 类非屏蔽双绞线直径约为 6mm，故一条超 5 类非屏蔽双绞线的截面积约为 28.26mm²。

走廊别处的线槽容纳的线缆数量相对较少，可选择使用横截面较小的线槽，但考虑到线路设计采用的是明敷布线。如果在一层楼中采用不同大小的线槽，会影响美观；其次，对不同大小的线槽连接，要用到异形接口，这无形中也增加了成本。因此综合考虑，走廊处的线槽统一采用 40mm×80mm 规格的金属线槽

（4）金属线槽长度计算

一层楼需金属线槽的长度约为 80m，考虑 5% 的余量，学生宿舍楼水平子系统所需的金属线槽长度约为 672m。

（5）金属三通与弯通

从设计图中可看出，一层楼需 2 个三通与 2 个弯通，考虑 5% 的余量，学生宿舍楼共需 17 个三通，17 个弯通，规格应与金属线槽相符合。

（6）房内 PVC 线槽计算

房间内线槽只需容纳 2 条双绞线即可，因此考虑选择采用 24mm×14mm 的 PVC 线槽，从穿孔至信息插座的距离约为 2.55m，一层楼共有 20 间宿舍，共有 8 层，考虑 5% 的余量，学生宿舍楼水平布线子系统所需的 PVC 线槽的长度约为 430m。

（7）PVC 线管

走廊金属线槽至宿舍墙上孔洞需安装直径 20mm 的 PVC 线管进行连接，金属线槽至墙上孔洞距离为 65cm，加上墙壁的厚度约为 15cm，一间宿舍需要 80cm 的 PVC 线管，考虑 5% 的余量，学生宿舍楼所需 PVC 线管长度约为 135m。

（8）PVC 接头

走廊线槽与 PVC 管的连接需要经过 PVC 接头引导，每个宿舍需一个 PVC 接头，考虑 5% 的余量，学生宿舍楼共需 168 个接头。

（9）水平系统线缆材料核算

学生宿舍楼的水平系统选用的是超 5 类非屏蔽双绞线（UTP5e）。

根据测量，距离管理间最远的信息插座约为 68m，距离管理间最近的信息插座为 10m，经计算得 8 号宿舍楼水平布线子系统所需 UTP5e 线缆长度为 15648m，共 52 箱。

每个楼层用线量（m）：

$$C = [0.55(L+S)+6] \times n$$
$$= [0.55(68+10)+6] \times 40$$
$$= 1956m$$

整栋楼的用线量：$W = \sum MC(M$ 为楼层数$)$

$$= 8 \times 1956$$

$$= 15648\text{m}$$

电缆订购数：$15648 \div 305 = 51.3$ 箱（取 52 箱）

（10）学生宿舍楼水平系统用料表

经过统计与核算，学生宿舍楼水平布线子系统所需材料如表 2-5 所示。

表 2-5 学生宿舍楼水平系统用料表

序号	名称	规格	数量	单位
1	金属线槽	40mm×80mm	672	米
2	PVC 线槽	24mm×14mm	430	米
3	PVC 线管	直径 20mm	135	米
4	金属线槽三通	与金属线槽配套	17	个
5	金属线槽弯通	与金属线槽配套	17	个
6	PVC 接头	与 PVC 线管配套	168	个
7	双绞线	UTP5e	52	箱

五、干线子系统设计

1. 干线子系统的接合方式

8 号宿舍楼干线子系统的接合方式采用点对点的接合方式。采用这种连接方式主要有以下几个方面考虑：

①8 号宿舍楼共有八层，每层楼配置一个管理间，规模不算太大。

②在任务 3 中已经确定用 $65.5/125\mu m$ 的室内光纤作为干线线缆。如果采用分支递减的端接方式，只能减少少量的成本，但过多的连接点会加大光纤信号的损耗。

③光纤线径小，重量轻，占用空间较少，即使是为每层楼的管理间与设备间都设置光纤系统也不会占用太多空间。

④干线子系统发生故障时可以较快地判断出故障位置，并且维护的难易度与成本也相对较低。

2. 干线子系统的布线通道

学生宿舍楼的干线子系统布线通道为连通各楼层，在管理间子系统旁的明敷金属线槽。线槽材质采用镀锌金属线槽。采用这种布线通道主要有以下几个方面考虑：

①学生宿舍楼没有专用的弱电井，干线线缆无法采用弱电井中的电缆孔与电缆井的布线方式。如果直接用光纤将各管理间与设备间相连，会使得光缆暴露出来，这对使用带来非常大的隐患，因此需要另外架设槽道来敷设干线线缆。

②如果线槽距离管理间较远，会增加干线线缆升序，从而增加成本。线槽应位于管理间旁边，使干线距离最短。

③线槽采用明敷方式固定在墙上，且直接穿过天花板，使1～8层楼的干线线槽形成一个垂直的连续线槽，再将干线光缆敷设在线槽内，并进行固定。

3. 干线子系统材料核算

（1）干线子系统光纤材料核算

从需求分析中知学生宿舍楼楼层高为3.5m（包括天花板），学生宿舍楼共需约130m室内光纤。

（2）干线子系统线槽大小

水平布线子系统所选用的金属线槽为40mm×80mm的镀锌金属线槽，该线槽已够容纳干线线缆。但从美观出发，干线子系统的线槽选用40mm×60mm的镀锌金属线槽。

（3）干线子系统线槽长度

从需求分析中知学生宿舍楼总高度为28m，另取5%的预留量，学生宿舍楼干线子系统共需金属线槽约30m。

（4）线缆卡

干线子系统的线缆敷设在垂直的线槽中，在线槽上安装线缆卡以减轻线缆所承受的拉力。每隔1.5m安装一个线缆卡，学生宿舍楼共需约50个线缆卡。线缆卡的规格应与线槽和线缆相符合。

4. 干线子系统所需材料一览表（表2-6）

表2-6　干线子系统所需材料一览表

序号	名称	规格	数量	单位
1	6芯室内光纤	62.5/125μm	130	米
2	金属线槽	40mm×80mm	30	米
3	线缆卡	与线槽和线缆相符合	50	个

六、设备间(建筑物配线间)设计

1. 设备间子系统规模

设备间与各楼层配线间之间的连接、设备间与校园网络中心间的连接都是光纤连接，因此设备间内的网络连接设备主要为光纤连接设备。

学校的各类服务器安放在校园网络中心内，宿舍内的学生只需通过综合布线网络访问网络中心的服务器即可，校方也无计划要在学生宿舍楼安装服务器，故设备间不需要服务器相关设备。因此，学生宿舍楼设备间子系统是小型规模的设备间。

2. 设备间位置选择

学生宿舍楼综合布线系统设备间设立在一楼的宿舍管理办公室中。主要基于以下几个方面考虑：

①选择在中间楼层固然可以兼顾最高与最低楼层的管理间，使设备间到各管理间的距离较为平均。

②若选择在中间楼层设立设备间，则需占用一间学生宿舍，且设备间的设备无人看管；若设在宿舍管理办公室中，只需对办公室内的一小块面积进行装修，宿舍管理员可对设备进行看护，若设备出现故障时，可及时通知维修人员进行维修。

③在干线子系统中所选用的线缆为室内光纤，光纤的传输距离较双绞线长，一楼设备间到八楼管理间的距离并没有超出室内光纤的最大传输距离。

3. 设备间网络设备

(1)光交换机

网络与设备间之间，管理间与设备间之间都是光纤连接，因此设备间采用光交换机。学生宿舍楼共有 16 根(8 对)光纤连接至交换机中，考虑到冗余，设备间中计划采用 24 口光交换机。

(2)光模块

常见的光交换机上不带光模块，光交换机上所采用的光模块需另外购买，模块型号应与光交换机型号相匹配，需购买光纤模块数量为 20 个，其中 16 个为干线端光纤用，2 个为建筑群子系统端光纤用，2 个为备用。

(3)光纤配线架

干线子系统的光纤与建筑群子系统的光纤都需先连接至光纤配线架上，然后再通过跳线连接至光交换机上，通过跳线来对链路进行管理。如果选用 12 口的光纤配线架，则设备间子系统需要 3 个光纤配线架，1 个用来连接建筑子系统光纤，2个用来连接干线子系统光纤。

（4）光纤跳线

光纤跳线用来连接光纤配线架与光交换机，连接头的型号应与光纤配线架与光纤模块匹配。光纤跳线因制作较为复杂，因此直接购买。学生宿舍楼设备间子系统共需光纤跳线20根（其中2根备用）。

（5）理线架

为了整理与管理跳线需为设备间配置理线架，数量为2个。

（6）机柜

设备间选用与管理间相同的19寸12U的壁挂式机柜，选用壁挂式机柜的原因在设备间室内设计中作详细阐述。

4. 设备间室内设计

因为学生宿舍楼设备间系统的规模较小，因此不必再投入太多的资金对设备间进行装修，计划在宿舍管理办公室内的墙上安装1个12U的壁挂式机柜，将各设备间的设备安装到机柜中，并做好以下防护措施：

①防尘：设备间中采用封闭式机柜，能有效地防止尘埃附着在设备上。

②防火：管槽采用钢制或PVC防火阻燃材料，减少火灾发生时对网络通信性能的影响。

③温度：学生宿舍楼设备间中的用电网络设备为光交换机，其发热量不大，机柜上方有散热风扇，将光交换机安装在机柜的最上部，方便散热；宿舍管理办公室装有空调，气温较高时可利用空调调节温度；南方冬天最低温度约为5℃且只有少数几天，不会对设备间内设备造成太大影响。

④防潮：当空气湿度较大时，可开空调进行抽湿。

⑤防静电、防雷：机柜与设备必须要有良好的接地才能有效地防止静电与雷击带来的损伤。

5. 设备间机柜布局图

机柜布局如图2-54所示。机柜高12U，从下往上分别为1～12U，最高的12U不安装设备，用于机柜散热；11U处安装光交换机，其散发出的热量方便通过机柜最上方的散热风扇排出；10U、7U处安装理线架，用于整理光交换机与光纤配线架的线缆；9U、8U、6U处安装光纤配线架；5U至1U用以将来扩展网络时安装交换机和理线架，并可利用这部分空间放置建筑群子系统与干线子系统预留的光纤。

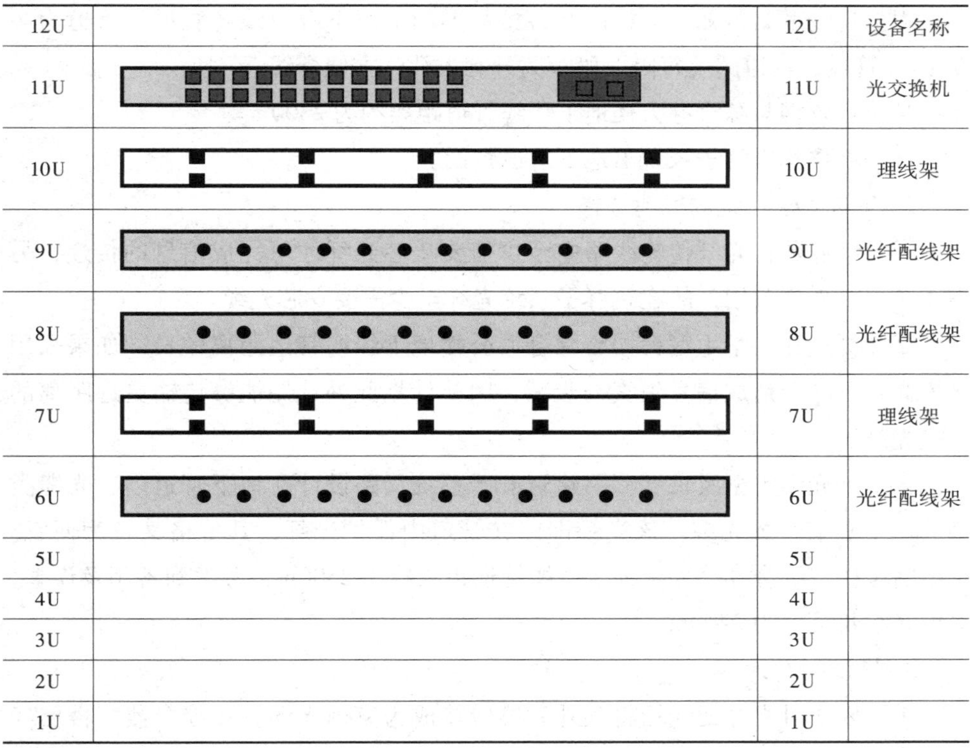

12U		12U	设备名称
11U		11U	光交换机
10U		10U	理线架
9U		9U	光纤配线架
8U		8U	光纤配线架
7U		7U	理线架
6U		6U	光纤配线架
5U		5U	
4U		4U	
3U		3U	
2U		2U	
1U		1U	

图 2-54 学生宿舍楼设备间子系统机柜布局图

6. 学生宿舍楼设备间子系统所需材料

学生宿舍楼设备间子系统所需材料如表 2-7 所示。

表 2-7 学生宿舍楼管理间所需材料一览表

序号	名称	规格	数量	单位
1	光交换机	24 口	1	台
2	光纤模块	与光交换机相匹配	20	个
3	光纤配线架	12 口	3	台
4	光纤跳线	与光纤模块与光纤配线架相匹配	20	条
5	理线架		2	个
6	壁挂式机柜	12U	1	个

七、建筑群子系统与进线间设计

1. 建筑群子系统的线路设计

学校的中心机房并不在学生宿舍楼，而在学校的综合办公楼内，如果学生宿舍楼网络系统要接入到校园网络系统中，就必须通过线缆将学生宿舍楼的设备间与学校网络中心相连。

根据现场勘察得知，学校已在各楼相连的道路下敷设线缆管道，管道为多孔 PVC 管道，在道路上每隔一段距离开有人孔，方便穿线。

学生宿舍楼与综合办公楼地下线缆管道距离约为 2300m。

计划将该建筑群子系统沿地下管道敷设。

2. 建筑群子系统的线缆选择

①光纤芯数：光纤传输线路中至少需要 2 芯光纤才可完成信息的传递，另需 4 芯光纤作为备用，故建筑群子系统光纤至少需要 6 芯光缆。

②光纤模式：学生宿舍楼与综合办公楼地下线缆管道距离较长，如果采用多模光纤可能会造成信号失真与衰减，因此计划此处选用能够传输更远距离的单模光纤。

③室外光缆类型及长度：因建筑群子系统线路设计在地下管道内，光缆类型选用中心束管式光缆。该光缆即能在管道内保护光纤，其价格又较为便宜。学生宿舍楼与综合办公大楼地下线缆管道距离约为 2300m，考虑到备用及误差，室外光缆长度应为 2400m。

3. 进线间设计

①需要通过光纤配线箱将室外光缆转接成为室内光缆。在综合楼一楼已经安装有光纤配线箱，且预留有接口与光纤连接至交换机，建筑群子系统综合楼一端不需要另外购置设备。

②学生宿舍楼一端的光纤配线箱则需要购置与安装。8 号宿舍楼处的光纤配线箱安装在宿舍管理办公室的外墙上，无论室内光缆还是室外光缆都需敷设在线槽中，此处所需线槽距离不长，无需另外购置，使用水平子系统备用线槽即可。

③室内光缆类型及长度：设备间机柜距离进线间为 10m，考虑到备用及误差，室内光缆长度应为 14m，选用 6 芯室内光缆。

4. 学生宿舍楼建筑群子系统所需材料

学生宿舍楼建筑群子系统所需材料如表 2-8 所示。

表 2-8   8 号宿舍楼管理间所需材料一览表

序号	名称	规格	数量	单位
1	室外光缆	6芯、单模、中心束管式	2400	米
2	室内光缆	6芯、单模	14	米
3	光纤配线箱	与光纤相匹配	1	个

八、管理系统设计

1. 设备标识

为了方便对管理间跳线的管理，需要对管理间内的各种设备设计标识。现将 8 号宿舍楼管理间子系统中各设备标识设计如下：B 代表宿舍楼；J 代表机柜；P 代表双绞线配线架；G 代表光纤配线架；S 代表交换机。另外用阿拉伯数字表示各设备。

如：B1 – J02 – P01 所代表的设备为一号宿舍楼 2 楼机柜中的 1 号双绞线配线架（其中各机柜中的 1 号双绞线配线架为常用双绞线配线架，2 号双绞线配线架为备用双绞线配线架）；B1 – J06 – S01 所代表的设备为一号宿舍楼 6 楼机柜中 1 号交换机。

2. 端口标识

综合布线系统端口对应表，表格包括数据信息点编号、楼层编号、人员工作区域编号、FD 配线架编号等。如表 2-9 所示为 8 号宿舍楼一楼机柜双绞线配线架端口号。

表 2-9　宿舍楼一楼机柜双绞线配线架端口号

序号	信息端口编号	插座底盒编号	楼层机柜编号	配线架编号	配线端口编号
1	101 – 1 – FD1 – 1 – 1	101 – 1	FD1	1	1
2	101 – 2 – FD1 – 1 – 2	101 – 2	FD1	1	2
3	102 – 1 – FD1 – 1 – 3	102 – 1	FD1	1	3
4	103 – 1 – FD1 – 1 – 4	103 – 1	FD1	1	4
5	14 – 1 – FD1 – 1 – 5	103 – 1	FD1	1	5
6	14 – 2 – FD1 – 1 – 6	104 – 1	FD1	1	6
..	..	..	..	..	..
20	120 – 1 – FD1 – 1 – 20	120 – 1	FD1	1	20

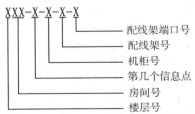

例：119 – 2 – 3 – 1 – 10 表示 1 层 19 房间的第 2 个信息点，端接在 3 号机柜 1 号配线架的 10 端口。

3. 跳线标识

为了区分跳线是连接常用配线架还是备用配线架，将跳线的标识设计如下：X－Y（其中 X 代表 1 或 2 号双绞线配线架，Y 代表房间号）。

4. 水平线缆和工作区信息模块标识

水平线缆和工作区信息模块也需要标识，为了方便确认各线缆和信息模块的归属，将水平线缆和工作区信息模块的标识设计与管理间跳线标识一致。

学习任务四　对学生宿舍网络综合布线系统施工

任务描述

在你的学生宿舍楼网络综合布线系统设计方案通过后，刘经理便安排你总体负责对 8 号学生宿舍楼网络综合布线系统进行施工，请按照设计方案，规范施工。

任务分析

8 号宿舍楼网络综合布线系统规模较大，不可能只靠 2 人就完成整个施工，需要多个施工队共同施工。在进行施工前，一定要做好准备工作，制定相关的制度，准备相关的工具及材料，在进行施工时要注意施工安全，按规范施工。学生宿舍综合布线系统施工时需要注意以下几个方面：

（1）制订施工计划。

（2）施工工具准备。

（3）人员组织安排。

（4）施工工具及材料存放。

（5）工程项目的组织协调。

（6）制定施工进度计划。

（7）PVC 线槽安装要求。

（8）金属线槽安装要求。

（9）机柜安装要求。

（10）插座底盒安装要求。

（11）布放双绞线线缆要求。

（12）双绞线端接要求。

知识准备

一、安装管槽

1. 金属管的安装

（1）金属管的加工应符合下列要求：

①为了防止在穿电缆时划伤电缆，加工后的管口必须用钢锉或角磨机磨去毛刺和尖锐棱角。

②为了减小直埋管在沉陷时管口处对电缆的剪切力，金属管口宜做成喇叭形。

③金属管在弯制后，不应有裂缝和明显的凹瘪现象，若弯曲程度过大，将减小金属管的有效管径，造成穿设电缆困难。

④金属管的弯曲半径不应小于所穿入电缆的最小允许弯曲半径。

⑤镀锌管锌层剥落处应涂防腐漆来增加使用寿命。

（2）金属管切割套丝应符合下列要求：

①在配管时，应根据实际需要长度，对管子进行切割。

②管子的切割可使用钢锯、管子切割器或电动切管机，严禁用气割。

③管子和管子连接，管子和接线盒、配线箱的连接，都需要在管子端部进行套丝。焊接钢管套丝可用螺纹铰板，焊接硬塑料管套丝可用圆丝板。

④套丝时，先将管子固定压紧，然后再套丝。

⑤套完丝后，应随时清扫管口，将管口端面和内壁的毛刺用锉刀锉光，使管口保持光滑，以免割破线缆绝缘护套。

（3）金属管弯曲应符合下列要求：

①在敷设金属管时应尽量减少弯头。每根金属管的弯头不应超过 3 个，直角弯头不应超过 2 个，并不应有 S 弯出现，弯头过多，将造成穿电缆困难。

②在实际施工中金属管路超过下列长度并弯曲过多时，可采用内径较大的管子或在适当部位设置拉线盒或接线盒，以方便线缆的穿设：

管子无弯曲时，长度可达 45m；

管子有 1 个弯时，直线长度可达 30m；

管子有 2 个弯时，直线长度可达 20m；

管子有 3 个弯时，直线长度可达 12m。

③金属管的弯曲半径应符合下列要求：

明配时，一般不小于管外径的 6 倍。只有一个弯时，不可小于管外径的

4 倍。

暗配时，不应小于管外径的 6 倍，敷设于地下或混凝土楼板内时，不应小于管外径的 10 倍。

（4）金属管安装要求

①管子表面不应有穿孔、裂缝和明显的凹凸不平，内壁应光滑，不允许有锈蚀。在易受机械损伤的地方和在受力较大处直埋时，应采用足够强度的管材。镀锌管锌层剥落处应涂防腐剂，以增加使用寿命。

②金属管明敷时，金属管应用卡子固定。这种固定方式较为美观，且方便拆卸。金属管的支持点间距有要求时应按照规定设计，无设计要求时不应超过 3m。在距接线盒 0.3m 处，用管卡将管子固定。有弯头的地方，弯头两边也应用管卡固定。

③敷设在混凝土、水泥里的金属管，要保证地基坚实、平整、不应有沉陷，以保证敷设后的线缆安全运行。预埋在墙体中间的金属管内径不宜超过 50mm，楼板中的管径宜为 15～25mm，直线布管 30m 处设置暗线盒。建筑群之间金属管的埋设深度不应小于 0.8m；在人行道下面敷设时，不应小于 0.5m。金属管的弯曲半径不应小于所穿入电缆的最小允许弯曲半径。暗管的转弯角度应大于 90°。

④在有 2 个弯时，不超过 15m 应设置过线盒。暗管管口应光滑，并加有护口保护，管口伸出部位宜为 25～50mm。

⑤金属管道应有不小于 0.1% 的排水坡度。

⑥金属管内应安置牵引线或拉线。

⑦金属管的两端应有标记，表示建筑物、楼层、房间号。

2. PVC 管的安装

PVC 管安装时的连接、弯曲要求与金属管大体相同。

3. 金属线槽的安装要求

①线槽的规格尺寸、组装方式和安装位置均应按设计规定和施工图的要求。线缆桥架底部应高于地面 2.2m 及以上，顶部距建筑物楼板不宜小于 300mm，与梁及其他障碍物交叉处的间距离不宜小于 50mm。

②线缆桥架水平敷设时，支撑间距宜为 1.5～3m。垂直敷设时固定在建筑物结构体上的间距宜小于 2m，距地 1.8m 以下部分应加金属盖板保护，或采用金属走线柜包封，门应可开启。

③直线段线缆桥架每超过 15～30m 或跨越建筑物变形缝时，应设置伸缩补

偿装置。

④金属线槽敷设时，在下列情况下应设置支架或吊架：线槽接头处、每间距 3m 处、离开线槽两端出口 0.5m 处、转弯处。吊架和支架安装应保持垂直，整齐牢固，无歪斜现象。

⑤线缆桥架和线缆槽转弯半径不应小于槽内线缆的最小允许弯曲半径，线槽直角弯处最小弯曲半径不应小于槽内最粗线缆外径的 10 倍。

⑥桥架和线槽穿过防火墙体或楼板时，线缆布放完成后应采取防火封堵措施。

⑦线槽安装位置应符合施工图规定，左右偏差不应超过 50mm，线槽水平度每米偏差不应超过 2mm，垂直线槽应与地面保持垂直，无倾斜现象，垂直度偏差不应超过 3mm。

⑧线槽之间用接头连接板拼接，螺钉应拧紧。两线槽拼接处水平偏差不应超过 2mm。

⑨盖板应紧固，并且要错位盖槽板。

⑩线槽截断处及两线槽拼接处应平滑、无毛刺。

⑪金属桥架、线槽及金属管各段之间应保持连接良好，安装牢固。

⑫采用吊顶支撑柱布放线缆时，支撑点宜避开地面沟槽和线槽位置，支撑应牢固。

⑬为了防止电磁干扰，宜用接地线把线槽连接到其经过的设备间或楼层配线间的接地装置上，并保持良好的电气连接。

⑭吊顶支撑柱中电力线和综合布线线缆合一布放时，中间应有金属板隔开，间距应符合设计要求。

⑮当综合布线线缆与大楼弱电系统线缆采用同一线槽或桥架敷设时，子系统之间应采用金属板隔开，间距应符合设计要求。

4. 预埋金属线槽安装要求

①在建筑物中预埋线槽，宜按单层设置，每一路由进出同一过路盒的预埋线槽均不应超过 3 根，线槽截面高度不宜超过 25mm，总宽度不宜超过 300mm 线槽路由中若包括过线盒和出线盒，截面高度宜在 70~100mm 范围内。

②线槽直埋长度超过 30m 或在线槽路由交叉、转弯时，宜设置过线盒，以便于布放线缆和维修。

③过线盒盖能开启，并与地面齐平，盒盖处应具有防灰与防水功能。

④过线盒和接线盒盒盖应能抗压。

⑤从金属线槽至信息插座模块接线盒间或金属线槽与金属钢管之间相连接时的线缆宜采用金属软管敷设。

二、线缆敷设

1. 线缆牵引技术

对于明装线槽的放线，可根据实际情况，先将线缆从线箱中拉出，在地上整理好后，再放入线槽中。

对于线管暗装的槽道布线，就需要使用到线缆牵引技术。线缆牵引是指用一条拉绳将线缆从墙壁管路、地板管路、槽道、桥架或线槽的一端牵引到另一端。

线缆牵引所用的方法取决于要完成作业的类型、线缆的质量、布线路由的难度、管道中要穿过的线缆数目及管道中是否已敷设线缆等。不管在哪种场合，都必须尽量使拉绳和线缆的连接点平滑，所以要采用电工胶布紧紧地缠绕在连接点外面，以保证平滑和牢固。

（1）牵引4对双绞线电缆

一条4对双绞线电缆很轻，通常不需要做更多的准备，只需用电工胶带与拉绳捆扎按要求布放即可。

（2）牵引多条4对双绞线电缆

如果牵引多条4对双绞线电缆穿过一条路由，方法是使用电工胶布将多根双绞线电缆与拉绳绑紧，使用拉绳均匀用力，缓慢牵引电缆。牵引端的做法通常有以下两种：

①牵引端做法一：将多条线聚集成一束，并将它们的末端对齐，用电工胶带在线缆束末端外紧紧缠绕5~8cm长，然后将拉绳穿过电工胶带缠绕好的电缆，并打好结，如图2-55所示。

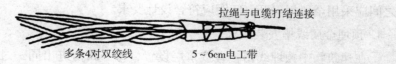

多条4对双绞线　　　　　5~6cm电工带

拉绳与电缆打结连接

图2-55　牵引端做法一

②牵引端做法二：为使拉绳与电缆组连接得更牢固，可将电缆除去一些绝缘层，暴露出5cm左右的铜质裸线，将裸线分为两束，将两束导线相互缠绕成一个环，如图2-56所示；然后用拉绳穿过此环，打好结，再将电工胶带缠绕到连接点周围，要注意缠得尽可能结实和平滑。

图 2-56　牵引端做法二

（3）牵引单条大对数双绞线电缆

将电缆向后弯曲以便建立一个环，线缆本身绞紧再用电工胶带紧紧地缠绕在绞好的线缆上，以加固此环。然后用拉绳连接到缆环上，再用电工胶带紧紧地将连接点包扎起来，已做好的单条大对数双绞线对称电缆牵引端如图 2-57 所示。

图 2-57　牵引单条大对数双绞线电缆

（4）牵引多条大对数双绞线电缆

剥除约 30cm 的缆护套，包括导线上的绝缘层，使用斜口钳将部分线切去并留下一部分（如约 12 根）做绞合用；将导线分为两个绞线组，将两组绞线交叉的交过拉绳的环，在线缆的一边建立一个闭环；在线缆一端将线缆缠绕在一起来关闭缆环，用电工胶带紧紧缠绕在线缆周围，覆盖长度约 6cm，然后继续再绕一段。图 2-58 所示为制作好的电缆牵引芯套/钩。

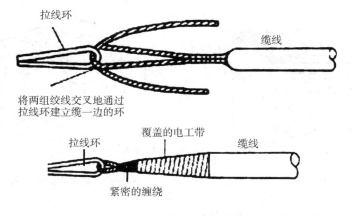

图 2-58　牵引多条大对数双绞线电缆

（5）牵引室内光缆

光缆的敷设与双绞线电缆类似，只是光缆的抗拉性能更差，因此在牵引时应当更加小心，曲率半径也要更大。

①利用工具切去一段光纤的外护套，并由距一端开始的 0.3m 处环切光缆的外护套，然后除去外护套。

②将光纤及加固芯切去并掩没在外护套中，只留下纱线。对需敷设的每条光缆重复此过程。

③将纱线与带子扭绞在一起。

④用胶布紧紧地将长 20cm 范围的光缆护套缠住。

⑤将纱线馈送到合适的夹子中去，直到被带子缠绕的护套全塞入夹子中为止。

⑥将带子绕在夹子和光缆上，将光缆牵引到所需的地方，并留下足够长的光缆供后续处理用。

2. 建筑物配线子系统布线

（1）吊顶内布线

在吊顶内布线前应先检查吊顶内是否符合施工要求，确定采用适宜的牵引敷设方式。常用的吊顶内布线的施工流程如下，也可根据具体的施工环境进行相应的调整。

①索取施工图纸，确定布线路由。

②沿着所设计的路由打开吊顶，用双手推开每块镶板，如图 2-59 所示。

③将多个线缆并排放在一起，并使出线口向上，如图 2-60 所示。

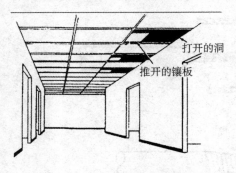

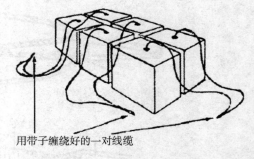

图 2-59　打开吊顶，推开镶板　　　　图 2-60　将多个线缆并排放在一起

④在纸箱上填写标注，线缆的标注写在线缆末端，贴上标签。

⑤将线缆的末端用电工胶布绑在一起。

⑥从离管理间最远的一端开始，通过牵引线，将线缆的末端沿着电缆桥架牵引经过吊顶走廊的末端，如图 2-61 所示。

⑦移动梯子将拉线投向吊顶的下一孔，直到绳子到达下一个线箱集结点，如图 2-62 所示。

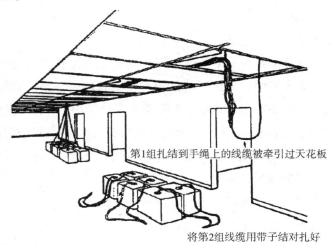

图 2-61　牵引线缆

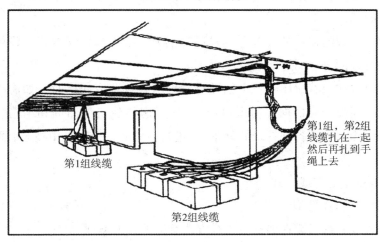

图 2-62　将拉线投向吊顶的下一孔

⑧将每个箱子中的线缆拉出后写好相应的标记，并将其末端用电工胶布绑在上一部分的电缆末端，与牵引线连接好。

⑨回到牵引线的另一端，人工拉动牵引线，所有的线缆将从线箱中拉出并经过电缆桥架牵引到管理间。

为了防止距离较长的电缆在牵引过程中发生被磨、刮、蹭、拖等损伤，可在线缆进吊顶的入口处和出口处以及中间增设保护措施和支撑设置。

在牵引线缆时，牵引速度宜慢速，不宜猛拉紧拽；如发生线缆被障碍物绊住，应查明原因，排除故障后再继续牵引，必要时，可将线缆拉回重新牵引。

（2）地板下的布线

1）地板下的几种敷设方法

目前，在综合布线系统中采用地板下水平布线方法较多，地板下水平布线比较隐蔽美观，安全方便。例如新建建筑物主要有地板下预埋管路布线法、蜂窝状地板布线法、地面线槽布线法（线槽埋放在垫层中）、活动地板法（又称高架地板法）。它们的管路或线槽，甚至地板结构都是在楼层的楼板中，与建筑同时建成的，此外，在新建或原有建筑的楼板上（固定或活动地板下）主要有地板下管道布线法和高架地板布线法。

2）地板下布线的具体要求

地板下布线方法必须注意以下几点要求：

①在楼板中或楼板上敷设各种地板下布线时，除选择线缆的路由应短捷平直、装设位置安全稳定以及安装附件结构简单外，更要便于今后维护检修和有利于扩建改建。

②敷设线缆的路由和位置应尽量远离电力、给水和煤气等管线设施，以免遭受这些管线的危害而影响信息传输质量。

③在改建或原有房屋建筑中因没有预埋暗敷管路或线槽时，如需敷设综合布线系统的线缆，应根据该房屋建筑的图样（房屋建筑的布局和结构、楼层高度、楼板结构、内部各种管线的分布等）进行核查后，拟定采用相应的地板布线方法。

（3）墙壁中的布线方式

1）墙壁中布线类型

综合布线系统线缆在墙壁中布线方法有以下几种类型：

①在新建或改、扩建房屋建筑的墙内预先埋设的暗敷管路，它通常在房屋建筑施工时同时建成。

②在原有房屋建筑或虽然是新建房屋但因需增设暗敷管路时，一般采取镂槽嵌管的补救方式，以免影响房屋建筑结构和满足使用需要。

③沿墙明敷管路后，外加装饰物予以遮盖，形成暗敷管路。

④将管路或线缆直接在墙壁上布设。这种方式造价低，但既不隐蔽美观，

又易被损伤，一般应用于单根水平布线的场合。具体方法是将线缆沿着墙壁下面的踢脚板或墙根边敷设，并使用钢钉线卡固定。

在以上几种方法中，与房屋建筑同时建成的暗敷管路应优先采用，其次，利用已有的车快墙壁，在其表面镂槽嵌管后，可用水泥砂浆和墙壁面层末盖成暗敷形式。当墙壁不是砖石车快材料，且无暗敷管路时，可采取沿墙明敷管路和加盖遮挡的美化设施相结合的暗敷形式。

2）墙壁中布线的施工方法

上述几种墙壁中布线方法就是利用管路穿放线缆，施工的一般步骤如下：

①检查管路中有无牵引线，如已有牵引线时，应首先对管路试通，清刷管路内壁，利用牵引绳将小刷或碎布来回拉两次，把管孔清刷干净，确保畅通无阻。

②牵引线缆前应事先核查拟布线缆的管路，所需线缆实际长度（包括预留长度），配好相应长度的线缆，不应过短或过长，同时要注意牵引施工完毕后，两端的线缆长度必须确保无误，足够施工和检修所用。

③牵引线缆应根据所牵根数考虑牵引方法和要求，如为多根线缆时，要同时牵引。

④如线缆不立即进行测试检查和终端连接时，应将线缆两端密封包扎妥当，固定牢靠，外面宜采用相应的保护措施，以防外界人为损坏，力求线缆安全，满足日后使用要求。

⑤在管路端部和线缆周围的空隙，宜采用塑料粘带等进行封堵严密，既保护线缆不受管口磨损，又能防止污物、灰尘或水分等进入管内对线缆造成不良影响。

3. 建筑物干线子系统布线

干线子系统的施工全部在室内，现场施工环境条件较好。干线子系统与建筑物本身及其他管线系统关系密切，因此，在安装施工中必须加强与有关单位协作配合，互相协调。

（1）向下垂放的敷设方式

在向下垂放电缆时，应按照以下步骤进行，并注意施工方法。

1）核实线缆的长度、重量

在布放线缆前，必须检查线缆两端，核实外护套上的总尺码标记，并计算外护套的实际长度，力求精确核实，以免敷设后发生较大误差。

确定运到的线缆的尺寸和净重，以便考虑有无足够体积和负载能力的电梯将线缆盘运到顶层或相应楼层，从而决定向上还是向下牵引线缆施工。

2）线缆盘定位和安装主滑轮

线缆盘必须放置在合适的位置，使顶层有足够的操作空间，线缆盘应用千斤架空使之能够自由转动，并设有刹车装置，帮助控制线缆的下垂速度、停止或启动。为了使线缆能正确、直接、竖直地下垂到洞孔，在沟槽或立管中需用主滑车轮来控制线缆方向，确保线缆垂直进入上述支撑保护措施，且其外套不受损坏。为此，主滑车轮必须固定在牢固的建筑结构上，防止有偏离垂直方向的摆动而损坏线缆外护套，同时需要预留较大的洞孔或安装截面较大的槽道，如图 2-63 所示。

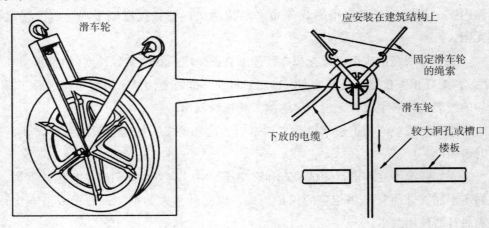

图 2-63　滑轮车

3）线缆牵引

线缆下垂敷设要求每层都应有人驻守，引导线缆下垂和观察敷设过程中的情况，这些施工人员需要带有安全手套、无线电话等设备，及时发现和处理问题。

在线缆向下垂放敷设过程中，要求速度适中均匀，不宜过快，使线缆从盘中慢慢放出徐徐下垂进入洞孔。各个楼层的施工人员应将经过本楼层的线缆正确引导到下一楼层的洞孔，直到线缆顺利到达底层时，将线缆从底层开始向上逐层固定，要求每个楼层留出线缆所需的冗余长度，并对这段线缆予以保护。应在统一指挥下，各个楼层的施工人员将线缆进行绑扎固定。

4）线缆牵引敷设和保护

在特别高的智能化建筑中敷设线缆时，不宜完全采用向下垂放敷设，需牵引以提高工效。采用牵引施工方法时，必须注意以下几点：

①为了保证线缆本身不受损伤，在布放线缆过程中，其牵引力不宜过大，应小于线缆允许张力的80%。

②为了防止预留的电缆洞孔或管路线槽的边缘不光滑，磨破电缆外护套，应在洞孔中放置塑料保护装置，以便保护电缆，如图2-64所示。

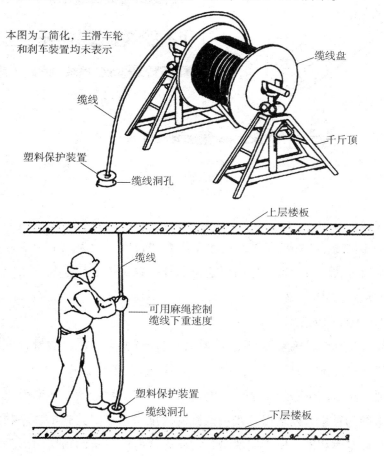

图2-64　线缆牵引和保护

在牵引线缆过程中，为了防止线缆被拖、蹭、刮、磨等损伤，应均匀设置吊挂或支承线缆的支点，或采取其他保护措施(如增加牵引线缆引导绳)，吊挂或支撑的支持物间距不应大于1.5m，或根据实际情况而定。

③在牵引线缆过程中，为减少线缆承受的拉力或避免在牵引中产生扭绞或打圈等有可能影响线缆本身质量的现象，在牵引线缆的端头处应安装操作方便、结构简单的合格牵引网套(夹)、旋转接头(旋转环)等连接装置，如图2-65所示。线缆布放后，应平直处于安全稳定的状态，不应有受到外力的挤压或遭受

损伤而产生障碍隐患。

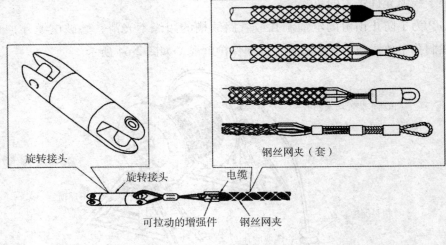

旋转接头

旋转接头

钢丝网夹（套）

电缆

可拉动的增强件   钢丝网夹

图 2-65　旋转接头

5）线缆的牵引

由于建筑物主干布线子系统的主干线缆的长度一般为几十米或百余米，应以人工牵引方式为主。当为特高层建筑，楼层数量较多且线缆对数较大时，宜采用机械牵引方式。

（2）向上牵引的敷设方式

当线缆盘因各种因素不能搬到顶层，或建筑物本身楼层数量较少，建筑物主干布线的长度不长时，也可采用向上牵引线缆的敷设方式。

一般采用电动牵引绞车牵引，电动牵引绞车型号、性能和牵引能力应根据所牵引电缆的重量和要求以及线缆达到的高度来选择。其施工顺序和具体要求与向下垂放基本相同。所不同的是，需要先从房屋建筑的顶层向下垂放一条牵引线缆的拉绳，拉绳的长度应比房屋顶层到最底层的距离略长；拉绳的强度应足以牵引线缆等所有重量，在底层将线缆逐层向上牵引；同样，每个楼层应由专人照料，使线缆在洞孔中间徐徐上升，不得产生线缆在洞孔边缘蹭、刮、磨、拖等现象，直到牵引至顶层；从上到下在各个楼层线缆均有适当的预留长度，以便连接到设备；只有当全部楼层均按照标准规定做到后，才停止绞车。

（3）不同楼层的线缆敷设方式

向下垂放或向上牵引线缆都分别是从顶层到底层或从底层到顶层的线缆长度最长的情况。在智能化建筑中当采用各个楼层单独供线时，通常是不同楼层各自独立的(或称单独的)线缆，且容量和长度不一。因此在工程实际施工时，应根据每个楼层需要，分别牵引敷设，有时可以分成若干个线缆组合，例如2～3层组合，将3个楼层的线缆一起牵引到该组合的最低楼层(如第3层)，再依次分别穿放另外两个楼层(4、5层)长度的线缆到其供线的楼层(4、5层)。这种组合方式应根据工程现场的实际情况确定，不宜硬性规定。

这种敷设方式较自由，即楼层层数的组合或线缆条数的组合(在同一楼层中有可能不是一根线缆)。根据线缆容量多少、线缆直径的粗细和客观敷设的条件及牵引拉绳的承载能力等来考虑，可以采用不同的组合。

(4)线缆在干线子系统中的固定

1)干线线缆绑扎要求

干线子系统敷设线缆时，应对线缆进行绑扎。双绞线电缆、光缆及其他信号电缆应根据线缆的类别、数量、缆径、线缆芯数分束绑扎，绑扎间距不宜大于1.5m，防止线缆因重量产生拉力造成线缆变形。线缆绑扎时应尽量满足以下基本要求：

①线缆绑扎要求做到整齐、清晰及美观。一般按类分组，线缆较多可再按列分类。

②使用扎带绑扎线束时，应根据不同情况使用不同规格的扎带，常见的扎带如图2-66所示。

图2-66　线缆扎带

③尽量避免使用两根或两根以上的扎带连接后并扎，以免绑扎后强度降低。

④扎带扎好后，应将多余部分齐根平滑剪齐，在接头处不得留有尖刺。

⑤线缆绑成束时扎带间距应为线缆束直径的3～4倍，且间距均匀。

⑥绑扎成束的线缆转弯时，应尽量采用大弯曲半径以免在线缆转弯处应力过大造成数据传输时损耗过大。

2）无线槽的干线子系统线缆绑扎方式

对于采用电缆孔和电缆井布线的垂直系统，可采用将线缆直接绑扎在支撑架上、绑扎在梯架上和绑扎在钢缆上三种方式。

①直接绑扎在线缆支撑架上。采用这种方式绑扎线缆，工程量较小，施工简单。施工时先在垂直线缆的路由上水平安装电缆支架，安装间距为1.5m。当垂直线缆布放完后，用扎带将线缆分组绑扎在电缆支架上，如图2-67所示。

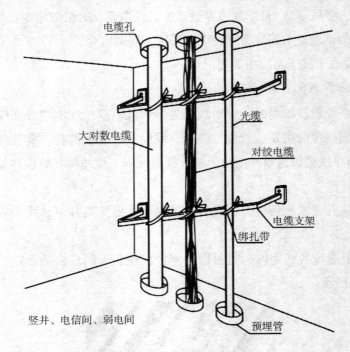

图 2-67　线缆绑扎在线缆架上

②绑扎在梯架上。采用这种方式绑扎线缆，工程量较大，施工较复杂，但整个垂直系统比较稳固。

施工时先在垂直线缆路由上约每隔1m左右安装梯式桥架的支撑架，将梯式桥架安装并固定在支撑架上，再将垂直线缆用扎带绑扎在梯式桥架上，如图2-68所示。采用这种方式应尽量避免将梯式桥架安装在墙上。

③绑扎在钢缆上。因为钢缆的承重力较大，也可先在干线子系统路由处先安装钢缆，再将线缆绑扎在钢缆上，让钢缆分担线缆的重力。

施工时，先根据设计的布线路径在墙面安装支架，在垂直方向每隔1m安装1个支架。支架安装好以后，根据需要用钢锯裁好合适长度的钢缆，必须预

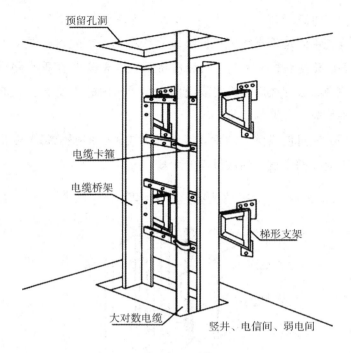

图 2-68　线缆绑扎在梯架上

留两端绑扎长度。钢缆两端用 U 型卡将钢缆固定在支架上，如图 2-69 所示。用线扎将线缆绑扎在钢缆上，间距 0.5m 左右。在垂直方向均匀分布线缆的重量。绑扎时不能太紧，以免破坏网线的绞绕节距；也不能太松，避免线缆的重量将线缆拉伸。

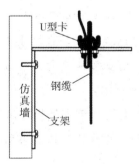

图 2-69　线缆绑扎在钢缆上

3）有线槽的干线子系统线缆绑扎

在用线槽作为线缆载体的场合，则不适合上述绑扎线缆的方法。需采用以

173

下方法才能固定垂直线缆。

①通过线缆卡固定垂直线缆：安装垂直线槽前，需先将线缆卡安装在线槽上，每隔1.5m安装一个线缆卡，然后再将垂直线槽安装在垂直路由上，当垂直线缆在线槽中布放完成后，再将线缆固定在线槽内的线缆卡上，如图2-70所示，让线槽平均分布线缆的重量。

采用这种方法可使线槽中的垂直线缆较为美观，但要求每个卡口只能固定一条线缆，因此线槽中线缆的数量不能太多。

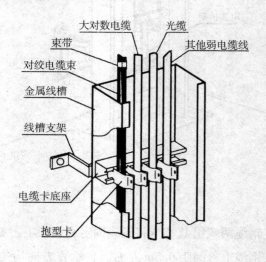

大对数电缆　光缆
束带　其他弱电缆线
对绞电缆束
金属线槽
线槽支架
电缆卡底座
抱型卡

图2-70　线缆卡

②通过线槽内支架绑扎线缆：如果垂直线槽内的线缆较多，就不适合用线缆卡槽，但可采用以下两种方式制作线缆的绑扎。

一是采用圆钢支架。将垂直线槽安装在墙上时，先在线槽内每隔1.5m处焊接一根较硬的圆钢，再将线槽安装在墙上，垂直线缆布放好后，将垂直线缆分别绑扎在圆钢上，如图2-71所示。

二是采用扁钢支架。如果觉得圆钢支架焊接麻烦，也可采用合适的扁钢支架，如图2-72所示，先将扁钢支架用螺丝固定在线槽内，再将线缆绑扎在扁钢支架上。

4）注意事项

在一次网络综合布线工程施工过程中，将一栋5层公寓楼的垂直布线所有的线缆绑扎在了一起，在测试时，发现有一层的线缆无法测通，经过排查发现

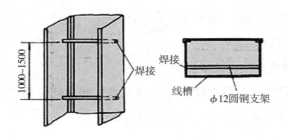

图 2-71　圆钢支架

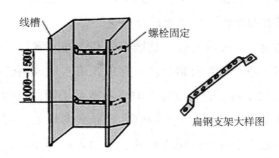

图 2-72　扁钢支架

是干线子系统的布线出现了问题，需要重新布线。在换线的过程中无法抽动该层的线缆，又将所有绑扎的线缆逐层放开，才完成更换。所以在施工过程中，垂直系统要分层绑扎，并做好标记。

同时值得注意的是：在许多捆线缆时，外围的线缆受到的压力比线束里面的大，压力过大会使线缆内的扭绞线对变形，影响性能，表现为回波损耗成为主要的故障。回波损耗的影响能够累积下来，这样每一个过紧的系缆带造成的影响都累加到总回波损耗上。可以想象，在长长的悬线链上固定着一根线缆，每隔300mm就有一个系缆带。这样固定的线缆如果有40m。那么线缆就有134处被挤压着。当系缆带时，要注意系带时的力度，系缆带只要足以束住线缆就足够了。

4. 建筑群子系统线缆敷设技术

建筑群子系统的线缆有电缆和光缆，其中光缆在建筑群子系统中的比例较大，且光缆的敷设要求较高，下文主要阐述建筑群子系统光缆敷设技术，电缆可参考光缆的要求进行敷设。

建筑群之间的干线光缆有管道敷设、直埋敷设、架空敷设和墙壁敷设4种敷设方法。在地下管道中敷设光缆是其中最好的方法。因为管道可以保护光缆，防止潮湿、动物及其他故障源对光缆造成损坏。

（1）管道光缆的敷设

1）管道光缆敷设要求

管道光缆敷设方式就是在管道中敷设光缆，即在建筑物之间预先敷设一定数量的管道，如塑料管道，然后再用牵引法布放光缆。

管道光缆敷设的基本要求如下：

①在敷设光缆前，根据设计文件和施工图纸对选用穿放光缆的管孔进行核对，如所选管孔需要改变时，应征求设计单位同意。

②在敷设光缆前，应逐段将管孔清刷干净和试通。清扫时应用专制的清刷工具，清扫后应用试通棒检查合格，才可穿放光缆。如选用已有的多孔水泥管（又称混凝土管）穿放塑料子管，在施工前应对塑料子管的材质、规格、盘长进行检查，均应符合设计要求。一个水泥管孔中布放两根以上的塑料子管时，其子管等效总外径不宜大于管子内径的85%，如图2-73所示。

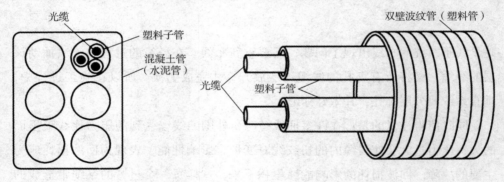

图2-73　水泥管孔中布放塑料子管

③当穿放塑料子管时，其敷设方法与电缆敷设基本相同，但需注意以下几点：

布放2根以上的塑料子管，如管材已有不同颜色可以区别时，其端头可不必做标志，如无颜色区别，应在其端头做好有区别的标志，具体标志内容由工程实际需要决定。

布放塑料子管的环境温度应在−5～35℃之间，在过低或过高的温度时，尽量避免施工，以保证塑料子管的质量不受影响。

连续布放塑料子管的长度不宜超过300m，并要求塑料子管不得在管孔中间有接头。

牵引塑料子管的最大拉力不应超过管材的抗拉强度，在牵引时的速度要求缓和均匀。

穿放塑料子管的水泥管孔应采用塑料管堵头（也可采用其他方法），在管孔口处安装，使塑料子管固定。塑料子管布放完毕应将子管口临时堵塞，以防异物进入管内。近期不会穿放缆线的塑料子管必须在其端部安装堵塞或堵帽。塑料子管在人孔或手孔中应按设计规定预留足够的长度，以备使用。

④牵引光缆端部的端头应预先制成。为防止在牵引过程中产生扭转而损伤光缆，在牵引端头与牵引绳索之间应加装转环，避免牵引光缆时产生扭转而损伤光缆。

⑤光缆采用人工牵引布放时，每个人孔或手孔中应有专人帮助牵引，同时，予以照顾和解决牵引过程中可能出现的问题。在机械牵引时，一般不需要每个人孔有人，但在拐弯人孔或重要人孔处应有专人照看。整个光缆敷设过程，必须有专人统一指挥，严密组织，并配有移动通信工具进行联络。不应有未经训练的人员上岗和在无通信联络工具的情况下施工。

⑥光缆一次牵引长度一般不应大于1000m。超长距离时，应将光缆盘成倒8字形状，分段牵引或在中间适当地点增加辅助牵引，以减少光缆张力，提高施工效率。

⑦为了在牵引过程中保护光缆外护套不受损伤，在光缆穿入管孔或管道拐弯处或与其他障碍物有交叉时，应采用导引装置或喇叭口保护管等保护装置。此外，根据需要可在光缆四周涂抹中性润滑剂等材料，以减少牵引光缆时的摩擦阻力。

⑧光缆敷设后，应逐个在人孔或手孔中将光缆放置在规定的托板上，并应留有适当余量，避免光缆过于紧绷。在人孔或手孔中的光缆需要接续时，其预留长度应符合表2-10中的规定。

表2-10 光缆在人孔或手孔中接续时预留长度

自然弯曲增加长度（m/km）	人孔或手孔内弯曲增加的长度（m/孔）	接续每侧预留长度（m）	设备间每侧预留长度（m）	管道光缆需引上连接到架空时，其引上地面部分每处增加长度（m）	备注
5	0.5～1.0	一般为6～8	一般为10～20	6～8	其他预留按设计要求

在设计中如有特殊预留长度的要求，应按规定的位置妥善留足和放置，例如预留光缆是为了将来引入新建的建筑物内，光缆可放在建筑物附近的人孔内。

⑨光缆在管道中间的管孔内不得有接头。当光缆在人孔中不设接头时，要求将光缆弯曲放置在电缆托板上固定绑扎牢靠，光缆不得在人孔中间悬空通过。

⑩光缆敷设后，应检查外护套有无损伤，不得有压扁、扭伤和折裂等缺陷。光缆与其接头在人孔或手孔中均应放置在铁架的电缆托板上予以固定绑扎，并应按设计要求采取保护措施，保护材料可以采用蛇形软管或软塑料管等管材，也可在上面或周围设置绝缘板材隔断，以便保护。

⑪当管道的管材为硅芯管（简称硅管）时，敷设光缆的外径与管孔的内径大小有关，因为硅管的内径与光缆外径的比值会直接影响其敷设光缆的长度，尤其是采取气吹敷设光缆时。工程中常把这个比值作为参照系数，根据以往工程经验，此系数选择在 2～2.3 时最佳，它有利于增加气吹敷设光纤光缆的长度。

⑫光缆在人孔或手孔中应注意以下几点：

光缆穿放的管孔出口端应封堵严密，以防水分或杂物进入管内。

光缆及其接续应有识别标识，标识内容有编号、光缆型号和规格等。

在严寒地区应按设计要求采取防冻措施，以防光缆受冻损伤。

如光缆有可能被碰损伤时，可在其上面或周围采取保护措施。

⑬管道光缆的盘留安装方法有以下两种：

管道光缆的光缆接头设备盘留安装方法。

管道光缆在人孔或手孔中有时采用光缆接头设备（箱或盒），安装时除根据人孔或手孔内部尺寸、缆线预留长度、容纳缆线的条数和操作空间等外，还需考虑接头设备应尽量安装在人孔内或手孔中较高的位置，以减少雨季时人孔或手孔中积水浸泡，对通信产生严重影响。此外，光缆的最小弯曲半径与光缆接头方法相同。目前，国内的光缆接头设备和预留光缆的安装方法如图 2-74 所示。

管道光缆的光缆接头盘留安装方法。

管道光缆在人孔中的盘留方法根据人孔或手孔内部尺寸、缆线预留长度、人孔或手孔容纳缆线的条数以及操作空间而定。管道光缆接头应放在光缆铁支架上，光缆接头两侧的余缆应盘成"O"形圈（小圈、大圈或人孔四周），用扎线或尼龙带等固定在人孔或手孔的铁支架，"O"形圈的弯曲半径不得小于光缆直径的 20 倍。并将在人孔或手孔中的盘放光缆用软管加以保护。在人孔或手孔中

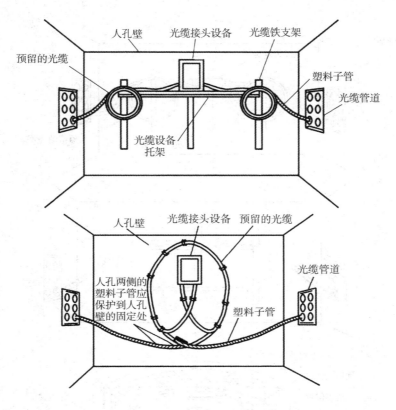

图 2-74　光缆接头设备

管道光缆的盘留安装方法如图 2-75 所示。

⑭为了确保通信质量，对于在人孔中预留的盘放光缆除用软管加以保护外，其缆头端部应做好密封堵严处理，以防进水或潮气渗入，尤其是经常有积水的人孔，预留盘放的光缆必须安放在高于积水面的位置，确保光缆不会浸泡在积水中，特别需要保护光缆端头和光缆护套容易受到损伤的部位。

此外，盘留光缆（包括光缆接头和光缆接头设备）的位置必须安全可靠，不易受到外力机械损伤，力求减少人为故障的发生，提高光缆线路的使用寿命，保证通信畅通。

2）管道光缆施工方式

①机械牵引敷设：

集中牵引法：集中牵引即端头牵引，牵引绳通过牵引端头与光缆端头连接，用终端牵引机按设计张力将整条光缆牵引至预定敷设地点。

分散牵引法：不用终端牵引机而是用 2～3 部辅助牵引机完成光缆敷设。这

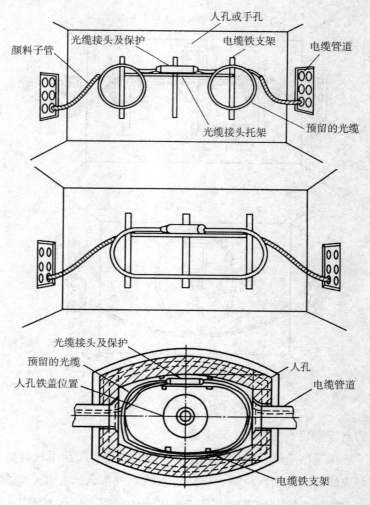

图 2-75　光缆接头

种方法主要是由光缆外护套承受牵引力，故应在光缆允许承受的侧压力下施加牵引力，因此需使用多台辅助牵引机使牵引力分散并协同完成。

中间辅助牵引法：除使用终端牵引机外，同时使用辅助牵引机。一般以终端牵引机通过光缆牵引头牵引光缆，辅助牵引机在中间给予辅助牵引，使一次牵引长度得到增加。

②人工牵引敷设。人工牵引需有良好的指挥人员，使前端集中牵引的人与每个人孔中辅助牵引的人尽量同步牵引。

3）保护管道光缆防止管道光缆敷设过程中可能对光缆造成的机械损伤的措施如表 2-11 所示。

表 2-11　管道光缆的保护措施

措施	保护用途
蛇形软管	在人孔内保护光缆 1. 从光缆盘送出光缆时，为防止被人孔角或管孔人口角摩擦损伤，采用软管保护 2. 绞车牵引光缆通过转弯点和弯曲区，采用 PE 软管保护 3. 绞车牵引光缆通过人孔中不同水平(有高差)管孔时，采用软 PE 管保护
喇叭口	光缆进管口保护 1. 光缆穿入管孔，使用两条互连的软金属管组成保护。金属管分别长 1m 和 2m，每管的一个端装喇叭口 2. 光缆通过人孔进入另一管孔，将喇叭口装在牵引方向的管孔口
润滑剂	光缆穿管孔时，应涂抹中性润滑剂。当牵引 PE 护套光缆时，液体石蜡是一种较优润滑剂，它对 PE 护套没有不利的影响
堵口	将管孔、子管孔堵塞，防止泥沙和鼠害

4）管道光缆敷设方式

在地下管道中敷设缆线，一般有 3 种情况：小孔至小孔敷设、在人孔间直接敷设、沿着拐弯处敷设，根据管道中是否有其他缆线，管道中有多少拐弯以及缆线的重量和粗细来决定采用人工或机器来敷设电缆。一般先考虑用人力牵引，对于人力牵引不动的则用机器牵引。

①小孔到小孔牵引，小孔到小孔牵引指的是直接将缆线牵引通过管道（这里没有人孔），即通过小孔在一个地方进入地下管道，而经由小孔在另一个地方出来。

第 1 步：往管道的一端馈入一条蛇绳，直到它从另一端露出来。

第 2 步：将蛇绳与手拉的绳子连接起来，并在其外缠绕上足够长度的电工胶带。通过管道往回牵引绳子。

第 3 步：将缆线放在千斤顶上并使其与管道尽量成一直线。缆线要从缆线轴的顶部放出，在管道口要放置一个靴形的保护物，以防止在牵引缆线时划破外皮。

第 4 步：如果在缆线上有一个拉眼，则直接将牵引绳连接到缆线上并用电工带缠绕起来，要确保连接点的牢固及平滑。

第 5 步：一个人在管道的入口处将缆线馈入管道，而另一个人在管道的另一端牵引拉绳，牵引缆线要平稳。

第 6 步：继续牵引缆线，直到缆线在管道另一端露出为止。

②人孔到人孔的牵引，牵引缆线的过程基本上与小孔到小孔的牵引方法相似。

第1步：将蛇绳馈入到要牵引缆线的人孔中。

第2步：将手绳与蛇绳连接起来并用电工胶带缠牢。通过管道将蛇绳拉回直到手绳从管道中露出。

第3步：将缆线轴安装在千斤顶(或起重器)上，与小孔到小孔的过程相同，应从卷轴的顶部馈送线缆。

第4步：在两个人孔中使用绞车或其他硬件，如图 2-76 所示。将手绳通过一个芯钩或牵引孔眼固定在缆线上；为了保证管道边缘是平滑的，要安装一个引导装置(软塑料块)，以防止在牵引缆线时管道孔边缘划破缆线保护层。

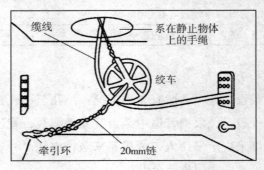

图 2-76　用绞车牵引

第5步：一个人在馈入缆线的人孔处放缆，一个人或多个人在另一端的人孔处拉手绳以使缆线被牵引到管道中去，如图 2-77 所示。

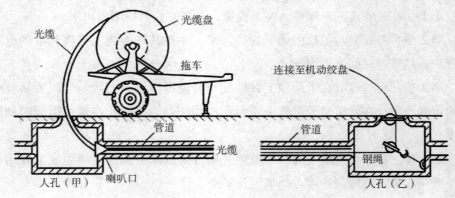

图 2-77　人孔处拉绳

③通过多个人孔牵引。牵引缆线通过多个人孔的过程与牵引缆线从人孔到

人孔的牵引方法相似。只有一点除外，即在每个人孔中要提供足够的松弛缆线并用夹具或其他硬件将其挂在墙上。不上架的缆线应割下，留有一定的空间，以便施工人员将来完成连接作业。

④转弯管道的牵引。牵引时，有时会遇到具有多个拐弯的管道，如果管道转弯为90°或者稍大的角，缆线可能不易弯曲成这样的角度，为防止损坏缆线，可使用下列方法来牵引（假设缆线从一个人孔到另一个人孔直线布线，然后转90°进入一个建筑物）。

第1步：从第一个人孔放一个蛇绳盒到第二个人孔。将手绳固牢到蛇绳盒上，并通过第一个人孔将其拉回。

第2步：将要敷设的缆线放在第一个人孔处，并通过第一个人孔牵引缆线到第二个人孔将其拉回。

第3步：放一个蛇绳盒到建筑物，并将手绳拉回。

第4步：将手绳的末端与缆线连接起来，把缆线牵引入人孔的管道中，并通过此管道进入建筑物。

⑤机器牵引地下管道缆线敷设方法。这种方法适用于有人孔和无人孔的场合。为了将缆线拉过两个或多个人孔，可按下列步骤进行。

第1步：将具有绞绳的卡车停放在欲作为缆线出口的人孔旁边。将具有缆线轴的拖车停放在另一个人孔旁边，卡车、拖车与管道都要对齐。

第2步：用人工牵引缆线的方法，将一条牵引绳从缆线轴人孔通过管道布放到绞车人孔。

第3步：装配用于牵引的索具，这将依赖于缆线的尺寸。

第4步：用拉绳连接到绞车，起动绞车，保持平稳的速度进行牵引，直到缆线从人孔中露出来。

（2）直埋光缆的敷设

直埋光缆的隐蔽工程，技术要求比较高，在敷设前和施工前应注意以下几点。

①在直埋光缆施工前，要对设计中确定的线路路由实施复测。内容包含路由测量、复核，以确定光缆路由的具体走向和位置。丈量核实地面正确的距离，为光缆配盘、分屯和敷设等工序提供必要的数据，对于确保施工质量和提高工效会起到很好的作用。光缆路由复测的内容包括定线、定位、测距、打标桩、确定埋深的画线和登记等工作。其中，直埋光缆的埋设深度应符合下表2-12中的规定。

表 2-12　直埋光缆的埋设深度

序号	光缆敷设的地段或土质	埋设深度（m）	备注
1	市区、村镇的一般场合	≥1.2	不包括车行道
2	街坊和智能化小区内、人行道下	≥1.0	包括绿化地带
3	穿越铁路、道路	≥1.2	距道渣底或距路面
4	普通土质（硬路面）	≥1.2	
5	砂砾土质（单石质土等）	≥1.0	

②直埋光缆最大的工程量之一是挖掘缆沟（简称挖沟），在市区和智能化小区中，因道路狭窄、操作空间较小、线路距离短，不易采用机械式挖沟，通常采用人工挖沟，因其简便、灵活，不受地形和环境条件的影响，是较为经济、有效的施工方法。在挖沟中务必做到以下几点：

一是挖沟标准必须执行。例如，路由走向和位置以及间距等，应按复测后的划线施工，不得随意改变或偏离，沟槽应保持直线，不得自行弯曲。

二是沟深要符合施工要求。深度应该达标，当土质不同或环境各异时，沟深应有不同的标准，如确有困难经施工监理、工程设计或主管建设等单位同意后，可适当降低标准，但应采取相应的技术保护措施，确保缆线正常运行。

三是沟宽必须满足缆线敷设的要求，以施工操作方便为目的，沟宽和沟深的比例关系要适宜。

四是在敷设光缆前应先清理沟底，沟底应平整、无碎石和硬土块等有碍于施工的杂物。

③在同一路由上，同沟敷设光缆或电缆时，应同期分别牵引敷设。如与直埋电缆同沟敷设，应先敷设电缆，后敷设光缆，在沟底应平行排列。如同沟敷设光缆，应同时分别布放，在沟底不得交叉或重叠放置，光缆必须平放于沟底，或自然弯曲使光缆应力释放，光缆如有弯曲腾空和拱起现象，应设法放平，不得用脚踩铺平。

④直埋光缆的敷设位置，应在统一的管线规划综合协调下进行安排布置，以减少管线设施之间的矛盾。直埋光缆与其他管线及建筑物间的最小净距应符合要求。

⑤在智能化小区、校园式大院或街坊内布放光缆时，因道路狭窄、操作空间小，宜采用人工抬放敷设光缆，施工人员应根据光缆的重量，按 2～10m 的距离排开抬放。如人数有限时，可采用 8 字形盘绕分段敷设。敷设时不允许光

缆在地上拖拉，也不得出现急弯、扭转、浪涌或牵引过紧等现象，抬放敷设时的光缆曲率半径不得超过规定，应加强前后照顾呼应，统一指挥，步调一致，逐段敷设。在敷设时或敷设后，需要前后移动光缆的位置时，应将光缆全长抬起或逐段抬起移位，要轻手轻脚，不宜过猛拉拽从而使光缆的外护套产生暗伤隐患。

⑥光缆敷设完毕后，应及时检查光缆的外护套，如有破损等缺陷应立即修复，并测试其对地绝缘电阻。

根据我国通信行业标准《光缆线路对地绝缘指标及测试方法》（YD—5012—2003）中的规定，必须符合以下要求：

一是单盘直埋光缆敷设后，其金属外护套对地绝缘电阻竣工验收指标，不应低于$10M\Omega \cdot km$，其中暂允许10%的单盘光缆不低于2Ω。

二是为了保重光缆金属护套免遭自然腐蚀的起码要求，维护指标也规定不应低于2Ω。

具体可参考《光缆线路对地绝缘指标及测试方法》（YD—5012—2003）中的规定。

⑦在智能化小区、街坊内敷设的光缆，应按设计规定需在光缆上面铺设红砖或混凝土盖板，应先敷盖20cm后的细土再铺红砖，根据敷设光缆条数采取不同的铺砖方式（如竖铺或横铺）。

⑧在智能化小区、校园式大院或街坊内，尤其是道路的路口、建筑的门口等处，在施工时应有安全可靠的防护措施，如醒目安全标志等，以保证居民生活和通行安全。光缆敷设完毕后，应及时回填，回填土应分层夯实，地面应平整。

⑨直埋光缆的接头处、拐弯点或预留长度处以及其他地下管线交越处，应设置标志，以便今后维护检修。标志可以是砖石标志，也可利用光缆路由附近的永久性建筑的特定部位，测量出距直埋光缆的相关距离，在有关图纸上记录，作为今后的查考资料。

⑩布放光缆时，直埋光缆的盘留安装长度在光缆自然弯曲增加的长度为7m/km，其他与管道光缆相同。

⑪直埋光缆接头与预留长度的盘留安装方法如图2-78所示。并要求直埋光缆接头和预留光缆应平放在接头坑内；弯曲半径不得小于光缆外径的20倍；直埋光缆接头和预留光缆的上下各覆盖或铺放细土或细沙，最小厚度为100mm，共200mm。

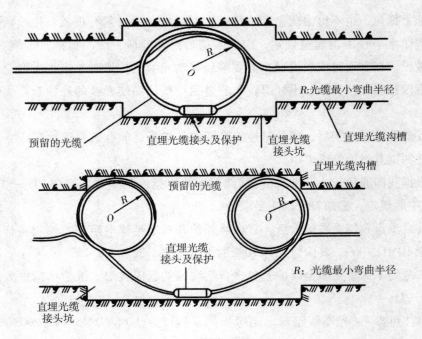

图 2-78　直埋光缆留长度

⑫直埋光缆如采用金属外护层保护(如钢带铠装)时，为防止外来电流借其金属外护层进入房屋建筑内，而可能造成危害，应在光缆引入进线间处，按标准规定，采取正确、安全的接地措施，并要求保证接地系统是切实有效的。

(3)架空光缆的敷设

1)架空光缆的敷设要求

架空光缆在敷设时有以下基本要求：

①光缆架设前，在现场对架空杆路坚固状况进行检验，要求符合《本地通信线路工程验收规范》中的规定，且能满足架空光缆的技术要求时，才能架设光缆。

②在架设光缆前，应对新设或原有的钢绞线、吊线检查有无伤痕和锈蚀等缺陷，钢线绞合应严密、均匀，无跳股现象。吊线的原始垂度应符合设计要求，固定吊线的铁件安装位置应正确、牢固。对光缆路由和环境条件进行考察，检查有无妨碍施工敷设的障碍和具体问题，确定光缆敷设方式。

③不论采用机械还是人工牵引光缆，要求牵引力不得大于光缆允许张力的最大拉力。牵引速度要求缓和均匀，保持恒定，不能突然启动，猛拉紧拽。架空光缆布放应通过滑轮牵引，敷设过程中不允许出现过度弯曲或光缆外护套硬

伤等现象。

④光缆在架设过程中和架设后受到最大负载时，产生的伸长率要求应小于0.2%。在工程中对架空光缆垂度的确定要十分慎重，应根据光缆结构及架挂方式计算架空光缆垂度，并核算光缆的伸张率，使取定的光缆垂度能保证光缆的伸张率不超过规定值。

⑤架空光缆在以下几处应预留长度，要求在敷设时考虑。

中负荷区、重负荷区和超重负荷区布放的架空光缆，应在每根电杆上预留，轻负荷区每 3 ~ 5 杆预留一处。预留及保护方式如图 2-79 所示。在电杆上的架空光缆接头及预留光缆的安装尺寸和形状。

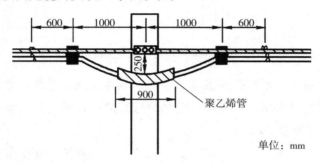

图 2-79　架空光缆预留保护方式

架空光缆在配盘时，应将架空光缆的接头点放在电杆上或邻近电杆 1m 左右处，以利于施工和维护。架空光缆在接头处的预留长度应包括光缆接续长度和施工中所需的消耗长度，一般架空光缆接头处每侧预留长度为 6 ~ 10m。如在光缆终端设备处，在设备一侧应预留光缆长度为 10 ~ 20m。

在电杆附近的架空光缆接头，它的两端光缆应各作伸缩弯，其安装尺寸和形状如图 2-80 所示，两端的预留光缆应盘放在相邻的电杆上。

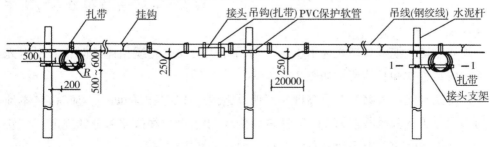

图 2-80　固定在电杆上的架空光缆接头

固定在电杆上的架空光缆接头及预留光缆的安装尺寸和形状如图 2-81 所示。

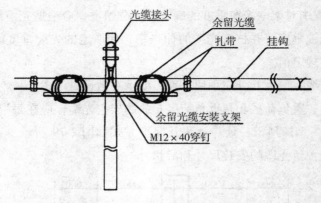

图 2-81　固定在电杆上预留光缆的形状

光缆在经过十字形吊线连接或丁字形吊线连接处，光缆的弯曲应圆顺，并符合最小曲率半径要求，光缆的弯曲部分应穿放聚乙烯管加以保护，其长度约为 30cm 左右，如图 2-82 所示。

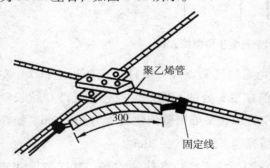

图 2-82　光缆弯曲半径

架空光缆在布放时、在光缆配盘时，适当预留一些因光缆韧性而增加的长度，一般每公里约增加 5m 左右，其与预留长度应根据设计要求考虑。

架空光缆的吊、挂、放时，目前以光缆挂钩将光缆卡挂在钢绞线上为主。光缆挂钩的间距一般为 50cm，允许偏差不应大于 ±3cm。

⑥管道光缆或直埋光缆引上后，与吊挂式的架空光缆相连接时，其引上光缆的安装方式和具体要求如图 2-83 所示。

⑦架空光缆线路的架设高度与其他设施接近或交越时的间距，应符合《本地通信线路工程验收规范》（YD/T 5138—2005）中有关电缆线路部分的规定。

⑧架空光缆与电力线交越时，可采取以下技术措施：

一是在光缆和钢绞线吊线上采取绝缘措施，如将光缆中的金属构件在接头处用电气断开，其钢绞线每隔 1～2km 加装绝缘子，使电气通路切断，减少影

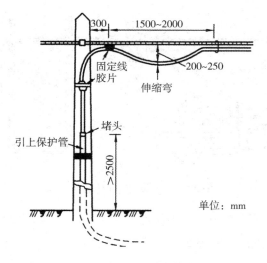

图 2-83　引上光缆安装方式

响范围。

二是在光缆和钢绞线吊线外面采用塑料管、胶管或竹片等捆扎，使之绝缘。

⑨架空光缆如紧靠树木或电杆等有可能使外护套磨损时，在与光缆的接触部位，应套包长度不小于 1m 左右的聚氯乙烯塑料软管、胶管或蛇皮管加以保护。如靠近易燃材料建造的房屋段落或在温度过高的场所，应包套石棉管或包扎石棉带等耐高温、防火材料保护。

2）架空光缆的施工方法

目前，国内外架空光缆的施工方法较多，从大的分类有全机械化施工和人力牵引施工两种，国内采用传统的人力牵引施工方法。按照电缆本身有无支承结构来分，有自承式光缆和非自承式光缆两种。

国内非自承式光缆是采用光缆挂钩将光缆拖挂在光缆吊线上，即托挂式施工方法。国内通信工程业界将托挂式施工方法又细分为汽车牵引、人力辅助的动滑轮拖挂法（简称汽车牵引动滑轮拖挂法）、动滑轮边放边挂法、定滑轮拖挂法和预挂挂钩托挂法等几种，应视工程环境和施工范围及客观条件等来选定哪种施工方法。

①汽车牵引动滑轮拖挂法。这种方法适合于施工范围较大、敷设距离较长、光缆重量较重，且在架空杆路下面或附近无障碍物及车辆和行人较少，可以行驶汽车的场合。受到客观条件限制较多，在智能化小区采用较少，如图 2-84 所示。

②动滑轮边放边挂法。这种方法适合于施工范围较小、敷设距离较短、架

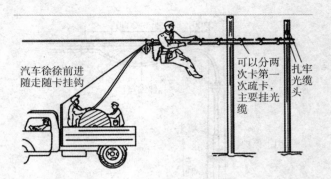

图 2-84　汽车牵引滑轮施工法

空杆路下面或附近无障碍物，但不能通行车辆的场合。是在智能化小区较为常用的一种敷设缆线方法。如图 2-85 所示。

图 2-85　动滑轮边放边动法

③定滑轮托挂法。这种方法适用于敷设距离较短、缆线本身重量不大，但在架空杆路下面有障碍物，施工人员和车辆都不能通行的场合，如图 2-86 所示。

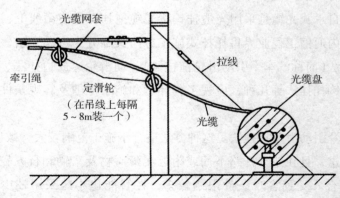

图 2-86　定滑轮拖挂法

④预挂钩托挂法。这种方法适用于敷设距离较短，一般不超过 200～300m，

因架空杆路的下面有障碍物，施工人员无法通行时使用。采取吊挂光缆前，先在吊线上按规定间距预挂光缆挂钩，但需注意挂钩的死钩应逆向牵引，以防在预挂的光缆挂钩中牵引光缆时，拉跑移动光缆挂钩的位置或被牵引缆线撞掉。必要时，应调整光缆挂钩的间距，如图2-87所示。这种方法在智能化小区内较为常用。

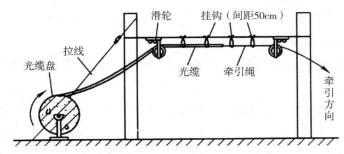

图2-87　预挂钩拖挂法

3）架空光缆的施工

非自承式架空光缆常采用动滑轮边放边挂法和定滑轮拖挂法，这两种方法都使用于电杆下不能通行汽车的情况。自承式架空光缆常采用定滑轮拖挂法。

①定滑轮托挂法的施工步骤：

第1步：为顺利布放光缆并不损伤光缆外护层，应采用导向滑轮和导向索，在光缆始端和终点的电杆上各安装一个滑轮。

第2步：每隔20～30m安装一个导引滑轮，边牵引绳边按顺序安装滑轮，直至光缆放线盘处与光缆牵引头连好。

第3步：采用端头牵引机或人工牵引，在敷设过程中应注意控制牵引张力。

第4步：一盘光缆分几次牵引时，可在线路中盘成"∞"形分段牵引。

第5步：每盘光缆牵引完毕，由一端开始用光缆挂钩将光缆托挂于吊线上，替换导引滑轮。挂钩之间的距离和在杆上作"伸缩弯"见图2-83所示。

第6步：光组接头预留长度为6～10m，应盘成圆圈后用扎线固定在杆上。

②动滑轮边放边挂法：

第1步：将光缆盘置于一段光路的中点，采用机械牵引或人工牵引将光缆牵引至一端预定位置，然后将盘上余缆倒下，盘成"∞"形，再向反方向牵引至预定位置。

第2步：边安装光缆挂钩，边将光缆挂于吊线上。

第3步：在挂设光缆的同时，将杆上预留、挂钩间距一次完成，并作好接头预留长度的放置和端头处理。

③预挂钩光缆牵引步骤：

第1步：在杆路准备时就将挂钩安装于吊线上。

第2步：在光缆盘及牵引点安装导向索及滑轮。

第3步：将牵引绳穿过挂钩，预放在吊线上，敷设光缆时与光缆牵引端头连接，牵引方法与预挂钩托挂法类似。

（4）墙壁光缆施工

1）墙壁光缆敷设的基本要求

在智能化小区，不论墙壁光缆敷设采用哪种方式，都必须按照以下基本要求进行。

①敷设墙壁光缆前，应根据设计文件要求，判别光缆的端别，按照规定的A、B端敷设墙壁光缆。

②墙壁光缆与其他管线的最小间距应符合设计要求或有关标准的规定。通常在区内道路，缆线距地面的最小垂直距离不应小于4.5m。

③墙壁光缆的各种终端和中间支持物都应安装牢固、稳定可靠，严禁采用木塞和钉子固定光缆或一切支持物。墙壁光缆不论采用哪种敷设方式，都应做到横平竖直、整齐美观，不应有起伏不平、波浪式弯曲的现象。

2）卡子式墙壁光缆的施工方法

①光缆卡子的间距，一般在光缆的水平方向为60cm，垂直方向为100cm，遇有其他特殊情况可酌情缩短或增长间距。采用塑料线码时可根据固定的塑料光缆规格，适当增减间距距离，但在同一段落，间距应一致。

②光缆水平方向敷设时，光缆卡子和塑料线码的钉眼位置应在光缆下方；当光缆垂直方向敷设时，光缆卡子和塑料线码的钉眼位置，应与附近水平方向敷设的光缆卡子钉眼在光缆的同一侧，如图2-88所示。

③光缆如必须垂直敷设时，应尽量将其放在墙壁的内角，不宜选择在墙壁的外角附近，如不得已时，光缆垂直的位置距外墙角边缘应不小于50cm。

④卡子式墙壁光缆在屋内敷设如需穿越楼板时，其穿越位置应选择在楼梯间、走廊等公共地方，尽量避免在房间内穿越楼板。在垂直穿越楼板处，光缆应设有钢管保护，其上部保护高度不得小于2m。

⑤在屋内同一段落，尽量不采用两条墙壁光缆平行敷设的方法。这时可采用特制的双线光缆卡子同时固定两条光缆的安装方法。

⑥卡子式墙壁光缆在门窗附近敷设时，应不影响门窗的关闭和开启，并注意美观。在屋外墙上敷设的位置，一般选择在阳台或窗台等间断或连续的凸出

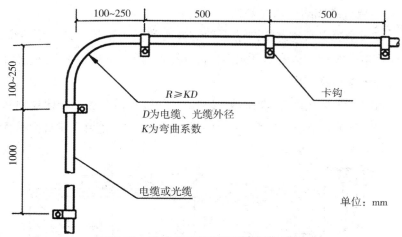

图 2-88　光缆卡子和塑料线码钉眼位置

部位上布置。不论在屋内或屋外墙壁上敷设光缆，都应选择在较隐蔽的地方。

　3）非自承式吊挂式墙壁光缆的施工方法

　　吊挂式墙壁光缆分为非自承式和自承式两种。非自承式墙壁光缆的敷设形式是将光缆用光缆挂钩等器件悬挂在光缆吊线下，它与一般架空杆路上的架空光缆装设方法相似，光缆和其他器件也是与架空光缆基本相同，如图 2-89 所示。

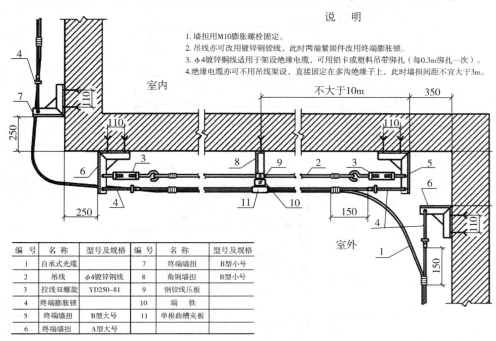

说　明

1. 墙担用M10膨胀螺栓固定。
2. 吊线亦可改用镀锌钢铰线，此时两端紧固件改用终端膨胀锁。
3. φ4镀锌铜线适用于架设绝缘电缆，可用铝卡或塑料吊带绑扎（每0.3m绑扎一次）。
4. 绝缘电缆亦可不用吊线架设，直接固定在多沟绝缘子上，此时墙担间距不宜大于3m。

编号	名　称	型号及规格	编号	名　称	型号及规格
1	自承式光缆		7	终端墙担	B型小号
2	吊线	φ4镀锌钢线	8	角钢墙担	B型小号
3	拉线双螺旋	YD250-81	9	钢铰线压板	
4	终端膨胀锁		10	端　铁	
5	终端墙担	B型大号	11	单根曲槽夹板	
6	终端墙担	A型大号			

图 2-89　非自承式吊挂式墙壁光缆的施工方法

5. 光缆通过进线间引入建筑物

综合布线系统引入建筑物内的管理部分通常采用暗敷方式。引入管路从室外地下通信电缆管道的人孔或手孔接出，经过一段地下埋设后进入建筑物，由建筑物的外墙穿放到室内。

综合布线系统建筑物引入口的位置和方式的选择需要会同城建规划和电信部门确定，应留有扩展余地。如图 2-90 所示为管道电(光)缆引入建筑物示意图。

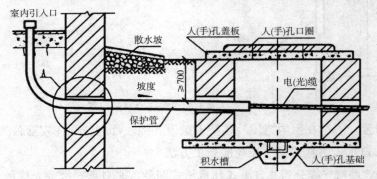

图 2-90　管道光缆引入建筑物示意图

如图 2-91 所示为直埋电(光)缆引入建筑物示意图。

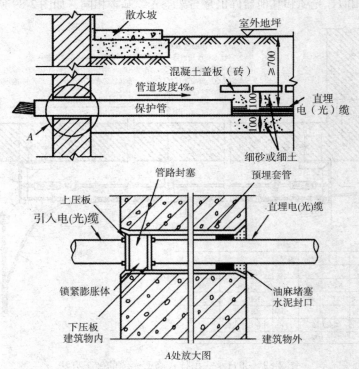

图 2-91　直埋光缆引入建筑物示意图

如图 2-92 所示为架空光缆引入建筑物示意图。

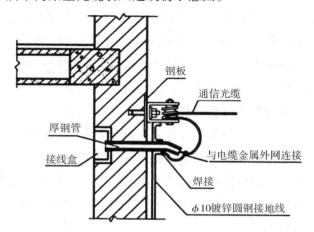

图 2-92　架空光缆引入建筑物示意图

光缆布放应有冗余，一般室外光缆引入时预留长度为 5 ~ 10m，室内光缆在设备端预留长度为 3 ~ 5m。在光缆配线架中通常都有盘纤装置。

三、光缆的接续和端接

1. 光缆连接的类型和施工内容及要求

（1）光缆连接的类型和施工内容

光缆连接是综合布线系统工程中极为重要的施工项目，按其连接类型可分为光缆接续和光缆终端两类。

光缆接续是光缆直接连接，中间没有任何设备，它是固定接续；光缆终端是中间安装设备，例如光缆接续箱（LIU，又称光缆互连装置）和光缆配线架（LGX，又称光纤接线架）。

光缆连接的施工内容应包括光纤接续，铜导线、金属护层和加强芯的连接，接头损耗测量，接头套管（盒）的封合与安装以及光缆接头保护措施的安装等。

光缆终端的施工内容一般不包括光缆终端设备的安装。主要是光缆本身终端部分，通常包括光缆布置（包括光缆终端的位置），光纤整理和连接器的制作及插接，铜导线、金属护层和加强芯的终端和接地等施工内容。

（2）光缆连接施工的一般要求

①在光缆连接施工前，应该对光缆的型号和规格及程式等进行检验，看是否与设计要求相符，如有疑问时，必须查询清楚，确认正确无误才能施工。

②对光缆的端别必须开头检验识别，必须符合规定要求。

③对光缆的预留长度进行核实，根据光缆接续和终端位置，在光缆接续的

两端和光缆终端设备的两侧，光缆长度必须留足，以利于光缆接续和光缆终端。

④在光缆接续或终端前，应检查光缆（在光缆接续时应检查光缆的两端）的光纤和铜导线（如为光纤和铜导线组合光缆时）的质量，在确认合格后方可进行接续或终端。光纤质量主要是光纤衰减常数、光纤长度等；铜导线质量主要是电气特性等各项指标。

⑤光缆连接对环境要求极高。在屋内应在干燥无尘、温度适宜、清洁干净的机房中；在屋外应在专用光缆接续作业车或工程车内，或在临时搭建的帐篷内。在光缆接续或终端过程中应特别注意防尘、防潮和防震。

⑥在光缆连接施工的全过程，都必须严格执行操作规程中规定的工艺要求。例如，在切断光缆时，必须使用光缆切断器切断，严禁使用钢锯；严禁用刀片去除光纤的一次涂层等。

⑦光纤接续的平均损耗、光缆接头套管（盒）的封合安装以及防护措施等都应符合设计文件的要求或有关标准的规定。

2. 光缆接续工具

①光纤剥离钳。用于剥离光纤涂覆层和外护层，光纤剥离钳的种类很多，如图2-93所示，为双口光纤剥离钳。它是双开口、多功能，钳刃上的 V 型口用于精确剥离 $250\mu m$、$500\mu m$ 涂敷层以及 $900\mu m$ 缓冲层。第二开孔用于剥离 3mm 尾纤外护层。所有的切端面都有精密的机械公差以保证干净、平滑地操作。不使用时可使刀口锁在关闭状态。

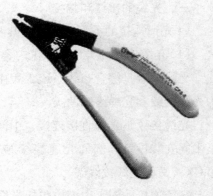

图 2-93　光纤剥离钳

②光纤剪刀。用于修剪凯弗拉线（Kevlar），如图 2-94 所示，是高杠杆率 Kevlar 剪刀，这是种防滑锯齿剪刀，复位弹簧可提高剪切速度，注意只可剪光纤线的凯弗拉层，不能剪光纤内芯线玻璃层及剥皮。

③光纤连接器压接钳。用于压接 FC、SC 和 ST 连接器，如图 2-95 所示。

④光纤切割工具。用于多模和单模光纤切割，包括通用光纤切割工具和光纤切

图 2-94　光纤剪刀

图 2-95　光纤压接钳

割笔，如图 2-96 所示。光纤切割工具用于光纤精密切割，光纤切割笔用于光纤的简易切割。

图 2-96　光纤切割工具

⑤光纤熔接机，如图 2-97 所示。熔接机采用芯对芯标准系统进行快速、全自动熔接。

图 2-97　光纤熔接机

⑥开缆工具。开缆工具的作用是剥离光缆的外护套，常用的开缆刀有以下

几种：横向开缆刀、横纵向综合开缆刀和纵向开缆刀，如图2-98所示。

（a）横向开缆刀　　　　　　　（b）纵向开缆刀　　　　　　（c）横纵向综合开缆刀

图2-98　常见开缆刀

其他光纤工具还有：光纤固化加热炉、手动光纤研磨工具、光纤头清洗工具、FT300光纤探测器、常用光纤工具包等。

3. 光缆的接续

（1）光纤接续

1）光纤接续的类型

光纤接续按照是否采用电源或热源分类，可分为热接法和冷接法，其中热接法采用电源或热源，通常为熔接法；冷接法不采用电源或热源，通常有粘接法、机械法和压接法。目前一般采用熔接法。

光纤接续按照连接方式是否活动，可分为固定连接方式和活动连接方式，其中熔接法和粘接法为固定连接方式，采用光纤连接器实现光纤连接是活动连接方式。

光纤接续以光纤芯数多少分类，可分为单芯光纤熔接法和多芯光纤熔接法。

需要注意的是接续人员操作水平、操作步骤、盘纤工艺水平、熔接机中电极清洁程度、熔接参数设置、工作环境清洁程度等均会影响到熔接损耗值。

2）光纤熔接

光纤熔接法是光纤连接中使用最为广泛的一种方法，又称为电弧焊接法。其工作原理是利用电弧放电产生高温，将被连接的光纤熔化而焊接成为一体。光纤熔接法基本上采用预放电熔接方式，它是将接续光纤的端面对准，这些端面经过加工处理，通过预熔，将光纤端面的毛刺、残留物清除掉，使光纤端面清洁、平整，从而提高熔接质量。

光纤熔接法所用的空气预放电熔接装置称为光纤熔接机，按照一次熔接的光纤数量可分为单芯熔接机和多芯熔接机。

下面以单芯熔接机为例，介绍光纤熔接的过程：

第1步，准备工作：在光纤熔接过程中，需要准备好专业的熔接工具及其他材料，如光纤切割工具、光纤剥离钳、热缩管、酒精等。

第2步，穿线工作：将光缆从光缆接续盒、光纤配线架、光缆配线箱等的后方接口放入光纤收容箱中，如图2-99所示。

图 2-99 光缆穿入接续盒

第3步，去皮工作：

①使用光缆专用开剥工具（偏口钳或钢丝钳）剥开光缆加固钢丝，将光缆外护套开剥长度1m左右。

②剥开另一侧的光缆加固钢丝，然后将两侧的加固钢丝剪掉，只保留10cm左右，如图2-100所示。

图 2-100 剪去光缆内钢丝

③剥除光纤外皮1m左右，即剥至剥开的加固钢丝附近。

④用美工刀在光纤金属保护层上轻轻刻痕，弯光纤金属保护层并使其断裂，折弯角度不能大于45°，避免损伤其中的光纤。

⑤用美工刀在塑料保护管四周轻轻刻痕，如图2-101所示。注意要轻轻用力，以免损伤光纤，也可使用光纤剥线钳完成该操作。轻轻折弯塑料保护管并

使其断裂。

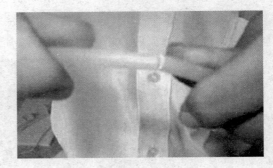

图 2-101　在光缆保护管四周刻痕

⑥将塑料管轻轻抽出，露出其中的光纤，如图 2-102 所示。

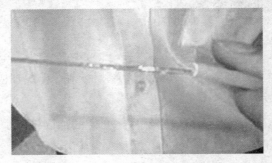

图 2-102　从塑料管中抽出光纤

　　第 4 步，清洁工作：用较好的纸巾或棉花蘸上高纯度酒精，使其充分浸湿，轻轻擦拭和清洁光缆中的每一根光纤，去除附着于光纤上的油脂，如图 2-103 所示。

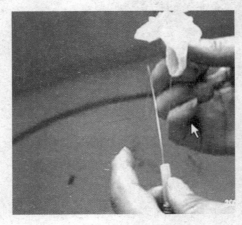

图 2-103　用酒精擦拭光纤

第5步，套接工作：为即将熔接的光纤套上光纤热缩套管，如图2-104 所示。热缩套管主要用于光纤对接好后套在连接处，经过加热形成新的保护层。

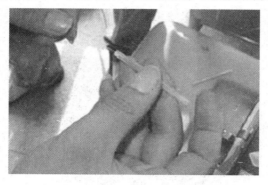

图 2-104　插入热缩套管

第6步，熔接工作：

①使用光纤剥线钳剥除光纤涂覆层，如图2-105 所示。

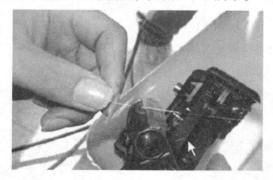

图 2-105　剥除光纤涂覆层

②用蘸酒精的湿纸巾或棉花将光纤外表面擦干净，如图2-106 所示。注意观察光纤剥除部分的涂覆层是否全部去除，若有残余则必须去掉。

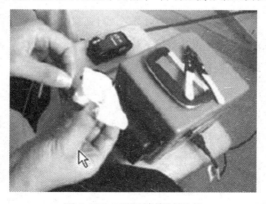

图 2-106　用酒精擦拭纤芯

③用光纤切割器切割光纤，使其拥有平整的断面。切割的长度要适中，保留 2~3cm。光纤端面切割是光纤接续中的关键工序，如图 2-107 所示，它要求处理后的端面平整、无毛刺、无缺损，且与轴线垂直，呈现一个光滑平整的镜面区，并保持清洁，避免灰尘污染。

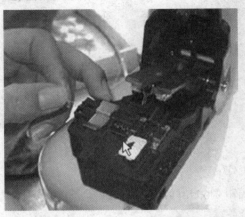

图 2-107　用光纤切割器切割光纤

④将切割好的光纤置于光纤熔接机的一侧，并在光纤熔接机上固定好该光纤，如图 2-108 所示。

图 2-108　将光纤放入光纤熔接机一侧

⑤如果没有成品尾纤，可以取一根与光缆同种型号的光纤跳线，从中间剪断作为尾纤使用，如图 2-109 所示。

⑥对尾纤中的光纤重复①~③步骤。

⑦将切割好的尾纤置于光纤熔接机的另一侧，使两条光纤尽量对齐（如图 2-110 所示），并固定尾纤。

图 2-109　尾纤

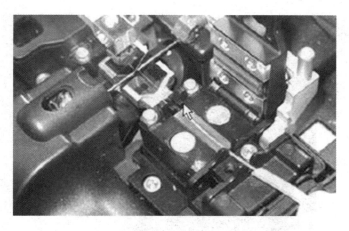

图 2-110　将尾纤放入光纤熔接机另一侧

⑧按 SET 键开始光纤熔接，两条光纤的 x、y 轴将自动调节，并显示在屏幕上。

⑨熔接结束后，观察损耗值。若熔接不成功，光纤熔接机会显示具体原因。熔接好的接续点一般低于 0.05dB 方认为合格。若高于 0.05dB，可用手动熔接按钮再熔接一次。一般熔接 1~2 次为最佳，若超过 3 次，熔接损耗会增加，这时应断开重新熔接，直至达到标准要求为止。如果熔接失败，可重新剥除两侧光纤的绝缘包层并切割，然后重新进行熔接操作。

第 7 步，包装工作：由于光纤在连接时去掉了接续部位的涂覆层，机械强度降低，一般要用热缩管对接续部位进行加强保护。将预先穿置光纤某一端的热缩管移至光纤连接处，使熔接点位于热缩管中间，轻轻拉直光纤接头，放入光纤熔接机的回热器内加热。

①熔接测试通过后，用光纤热缩管完全套住剥掉绝缘包层的部分，如图 2-111 所示。

图 2-111　热缩套管套住光纤熔接部位

②将套好的热缩管放到加热器中，如图 2-112 所示。

图 2-112 将热缩套管放入加热器中

③按 HEAT 键开始对热缩管进行加热。稍等片刻，取出已加热好的光纤。

第 8 步，固定工作：

①将光缆中的其余光纤熔接完成。

②将熔接好的热缩管置于光缆终端盒的固定槽中，如图 2-113 所示。

③在光缆终端盒中将光纤盘好，并用不干胶纸进行固定。

④将预留的光纤盘好固定在接续盒中，如图 2-114 所示。

⑤将光缆终端盒用螺丝封好，并固定于机柜中。

（2）铜导线、金属护层和加强芯的连接

①铜导线的连接。如光缆内有铜导线时，铜导线的连接方法可采用绕接、焊接或接线子连接几种，有塑料绝缘层的铜导线应采用全塑电缆接线子接续。

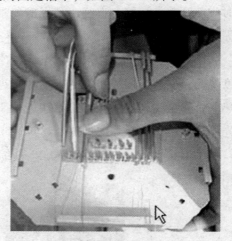

图 2-113 将热缩套管置于固定槽中

②金属护层和加强芯的连接。光缆接头两侧综合护套金属护层（一般为铝护层）在接头装置处应保持电气连接，并应按规定要求接地，或按设计要求处理。加强芯根据需要长度截断后，再按工艺要求进行连接。

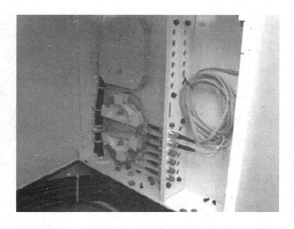

图 2-114　将预留的光纤盘好固定在接续盒中

（3）光纤连接头的制作

由于光纤通讯对光纤的要求比较高，所以在制作光纤连接头的时候一定要仔细认真，严格按照要求去做。不同型号的光纤连接头制作方法与步骤不一样，以下介绍 ST 型光纤连接头的制作流程。

①准备好所需要的工具，如图 2-115 所示，包括通讯光缆、光缆连接头一套、光纤头压头工具、光纤剥皮工具、400 目砂纸及打磨凸轮（黑）和 1500 目砂纸以及打磨凸轮（白）。

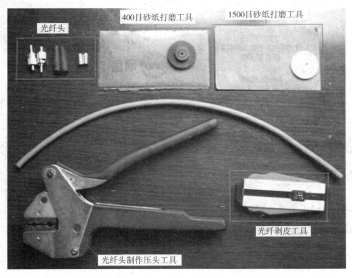

图 2-115　制作光纤连接头所需工具

②用斜口钳或者裁纸刀仔细剥去光缆一端约 70mm 长度的外层保护皮，如

图 2-116 所示，注意在剥光缆的过程中，务必保证不可以伤害到内部两根光纤的外皮，否则会严重影响通讯质量。

③使用光纤剥皮工具将两根光纤头部剥去 1mm 左右长度的外皮，将光纤插入工具前端的小孔内，调整中间活动挡板到合适的距离，然后按紧两侧压钮让刀片卡进光纤皮，然后向外拉出光纤将光纤外皮剥除，如图 2-117 所示。

图 2-116　剥去光缆外层保护皮

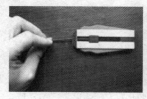

图 2-117　剥除光纤外皮

④然后分别将光纤头组件套入到光纤上，如图 2-118 所示。

⑤使用光纤头压头工具进行光纤头压制工作，将光纤伸入到光纤头内，要伸入到光纤头档口，然后把金属套筒套入光纤头的光纤入口处，要完全套入底部，把套好的光纤头放置于压头工具 3.25 口处进行压制，如图 2-119 所示。

图 2-118　插入光纤头

⑥将长出光纤头的光纤用斜口钳进行剪除，保留有 3.5mm 左右长度，如图 2-120 所示。

图 2-119　压制光纤头　　　　　　　　图 2-120　剪去多余光纤头

⑦剪切好后开始用 400 目的砂纸以及黑色的凸轮进行打磨，打磨的时候要按照 8 字型线路滑动打磨，保证打磨面全面光滑，如图 2-121 所示。

图 2-121　粗砂纸打磨光纤头

⑧用 400 目砂纸将两个光纤头打磨完毕后，同样的方法使用 1500 目砂纸和白色凸轮继续进行打磨，如图 2-122 所示。

图 2-122　细砂纸打磨光纤头

⑨制作好的光纤连接头，如图 2-123 所示。

图 2-123　制作好的光纤连接头

任务实施

一、施工流程

根据学生宿舍楼综合布线工程施工特点，本工程施工分以下几个阶段进行：

（1）墙壁穿孔；

（2）安装室内 PVC 线槽；

（3）安装插座底盒；

（4）安装水平钢槽；

（5）安装垂直钢槽；

（6）铺设水平 UTP 线缆（做临时标记）；

（7）铺设垂直主干光缆（做临时标记）；

（8）安装工作区模块面板（制作永久标签）；

（9）安装各管理间与设备间机柜；

（10）管理间配线架线缆端接；

（11）光纤熔接（制作永久标签）、安装光纤配线架；

（12）安装网络设备。

二、安全施工

（1）施工人员进入学生宿舍楼施工现场前，需进行安全施工教育，并在每次调度会上，都将安全生产放到议事日程上，做到处处不忘安全生产，时刻注意安全生产。

（2）施工现场工作人员必须严格按照安全生产、文明施工的要求，积极推行施工现场的标准化管理，按施工组织设计，科学组织施工。

（3）施工人员应正确使用劳动保护用品，进入施工现场必须戴安全帽，高处作业必须拴安全带。严格执行操作规程和施工现场的规章制度，禁止违章指挥和违章作业。

（4）施工用电、现场临时电线路、设施的安装和使用必须按照建设部颁发的《施工临时用电安全技术防范》（JGJ46－88）规定操作，严禁私自拉电或带电作业。

（5）使用电气设备、电动工具应有可靠保护接地，随身携带和使用的工具应搁置于顺手稳妥的地方，以防发生事故伤人。

（6）施工用的高凳、梯子、人字梯、高架车等，在使用前必须认真检查其牢固性。梯外端应采取防滑措施，并不得垫高使用。在通道处使用梯子，应有人监护或设围栏。

（7）在竖井内作业，严禁随意蹬踩电缆或电缆支架；在井道内作业，要有充分照明；安装电梯中的线缆时，若有相邻电梯，应加倍小心注意相邻电梯的状态。

（8）安全检查员负责现场施工技术安全的检查和督促工作，并做好记录。

三、文明施工

（1）施工人员必须遵守学校制定的有关施工现场管理制度。

（2）进入施工现场的有关人员（含施工人员、管理人员、技术人员）必须佩带工作卡。

（3）注意施工现场环境卫生，严禁在施工现场吸烟和用火，勿随地吐痰。

（4）施工中的废弃物要及时打扫，做一层清一层，做到活完场清，保持现场整齐、清洁、道路畅通。

（5）施工现场既要有严格的分片包干和个人岗位责任制，又要在工作中团结协作，互相帮助。

（6）施工人员在工地期间不许打架、喝酒、旷工等。

四、施工的临时设施

1. 仓库

取 101～103 这 3 间宿舍作为临时仓库，对学生宿舍楼综合布线工程施工过程中用到的材料及工具分类存放在不同的仓库中：

①管槽仓库：主要用来存放施工时所需要的钢槽、PVC 线槽、线管等材料。

②线缆仓库：主要用来存放双绞线、光纤、配线架、机柜、网络设备等材料。

③工具仓库：主要用来存放各种施工工具。

2. 休息、更衣场所

取 104 宿舍作为施工期间的休息场所与更衣场所。

3. 现场办公场所

取 105 宿舍作为施工期间的现场办公场所，主要用来安排工作、会议、商讨施工过程中出现的问题等。

五、学生宿舍楼综合布线工程施工职责分工

职责分工如图 2-124 所示。

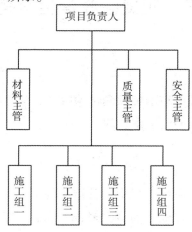

图 2-124　职责分工图

1. 项目负责人

监督学生宿舍楼综合布线项目的实施，制定并监督施工计划，对工程项目的实施进度负责，协调解决工程项目实施过程中出现的各种问题，积极与学校及相关人员协调工作。

2. 材料主管

了解学生宿舍楼综合布线工程所需的材料、设备规格，负责材料的采购工作，并负责材料、设备的进出库管理和库存管理。

3. 安全主管

负责学生宿舍楼综合布线工程施工安全、人员安全、设备安全等各方面的安全，巡查各施工小组是否按安全施工守则进行施工，对错误行为现场提出整改意见，对较大的错误行为上报项目负责人。

4. 质量主管

负责组织制订学生宿舍楼综合布线工程总体质量控制计划，负责制定工程质量方针和监督质量目标的贯彻落实，对工程各阶段、各环节质量进行监督管理，并协助开展检验、测（调）试及验收工作，汇总并通报有关工程质量情况，发现重大质量问题，及时向项目负责人汇报。

5. 施工人员

学生宿舍楼共有 4 组施工队，2 人为一组，每组负责两层楼的综合布线系统施工，在施工过程中，需要严格按照相关的设计与规章制度进行。

学习任务五　　测试验收学生宿舍网络布线

任务描述

施工完成后，刘经理派小李带领测试验收队，请你配合小李，完成 8 号学生宿舍楼网络布线的测试验收工作。

任务分析

测试验收是综合布线系统工程中非常重要的部分，只有通过测试验收，对不合格的地方进行修改，在最终的验收报告完成后，综合布线系统才能投入使用，只有通过测试验收的综合布线系统才具有可靠性。可根据综合布线系统的规模、客户要求等方面来确定测试验收的项目和规模，通常情况下，中型的综合布线系统测试验收的项目较多，较为复杂。学生宿舍综合布线系统测试验收应至少包含以下几个方面：

（1）测试验收计划；

（2）测试结果；

（3）测试不合格处理结果；

（4）验收表格。

知识准备

一、系统测试

1. 测试概述

综合布线系统是计算机网络系统的中枢神经，实践证明，当计算机网络系统发生故障时，70%是综合布线的质量问题。综合布线工程的质量必须通过科学合理的设计、选择优质的布线器材和优质的施工质量3个环节来保证。工程完工后，通过综合布线系统测试对布线链路整体性能进行检测。

然而在实际工作中，人们往往对设计指标、设计方案非常关心，却对施工质量掉以轻心，忽略线缆测试这一重要环节，验收过程走过场，造成很多布线系统的工程质量问题，等到工程验收的时候，发现问题累累，方才意识到测试的必要性，所以在布线工程完工后测试是非常必要的。

2. 测试类型

综合布线的测试类型一般分为验证测试和认证测试。

（1）验证测试

验证测试又称随工测试，是边施工边测试，主要检测线缆的质量和安装工艺，及时发现并纠正问题，不至于等到工程完工时才发现问题而重新返工，耗费不必要的人力、物力和财力。验证测试不需要使用复杂的测试仪，只需要使用能测试接线通断和线缆长度的测试仪（验证测试并不测试电缆的电气指标）。在工程竣工检查中，发现信息链路不通、短路、反接、线对交叉、链路超长等问题占整个工程质量问题的80%，这些问题在施工初期通过重新端接、调换线缆、修正布线路由等措施比较容易解决，而到了工程完工验收阶段，出现这些问题解决起来就比较困难了。

（2）认证测试

又称为竣工测试、验收测试，是所有测试工作中最重要的环节，是在工程验收时对综合布线系统的安装、电气特性、传输性能、设计、选材和施工质量的全面检验。综合布线系统的性能不仅取决于综合布线系统方案设计、施工工艺，同时取决于在工程中所选的器材的质量。认证测试是检验工程设计水平和工程质量的总体水平，所以对于综合布线系统要求必须进行认证测试。

认证测试通常分为两种类型，即自我认证测试和第三方认证测试。

1）自我认证测试

自我认证测试由施工方自己组织进行，按照设计施工方案对工程每一条链路进行测试，确保每一条链路都符合标准要求。如果发现未达标链路，应进行修改，直至复测合格；同时需要编制确切的测试技术档案，编写测试报告，交建设方存档。测试记录应准确、完整、规范，方便查阅。由施工方组织的认证测试可邀请设计、施工监理方等共同参与，建设方也应派网络管理人员参加测试工作，了解测试过程，方便日后的管理和维护。

认证测试是设计、施工方对所承担的工程进行的总结性质量检验。承担认证测试工作的人员应当经过测试仪供应商的技术培训并获得资格认证。

2）第三方认证测试

综合布线系统是计算机网络的基础工程，工程质量将直接影响建设方的计算机网络能否按设计要求顺利开通、网络系统能否正常运转，这是建设方最为关心的问题。随着网络技术的发展，对综合布线系统施工工艺的要求不断提高，越来越多的建设方不但要求综合布线系统施工方提供综合布线系统的自我认证测试，也会委托第三方对系统进行验收测试，以确保布线施工的质量。这是对综合布线系统验收质量管理的规范化做法。

第三方认证测试目前主要采用两种做法：

①对工程要求高，使用器材类别高，投资较大的工程，建设方除要求施工方要做自我认证测试外，还邀请第三方对工程做全面验收测试。

②建设方在施工方做自我认证测试的同时，请第三方对综合布线系统链路做抽样测试。按工程规模确定抽样样本数量，一般1000个信息点以上的工程抽样30%，1000个信息点以下的工程抽样50%。

3. 双绞线认证测试

（1）双绞线的认证测试模型

在国标 GB 50312—2007 中规定了3种测试模型：基本链路模型、永久链路模型和信道模型。3类和5类布线系统按照基本链路模型和信道模型进行测试。

1）基本链路模型

基本链路包括3部分：最长为90m的在建筑物中固定的水平布线电缆、水平电缆两端的接插件(一端为工作区信息插座,另一端为楼层配线架)和两条与现场测试仪相连的2m测试设备跳线。

本链路模型如图2-125所示,图中F是信息插座至配线架之间的电缆,G、E是测试设备跳线。F是综合布线系统施工承包商负责安装的,链路质量由其负责,所以基本链路又称为承包商链路。

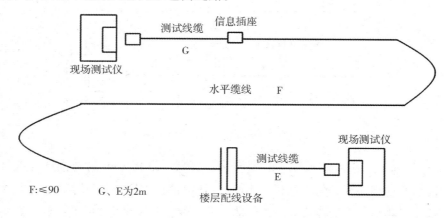

图2-125　基本链路模型

2)永久链路模型

永久链路又称固定链路,在国际标准化组织ISO/IEC所制定的5e类、6类标准草案及TIA/EIA568B新的测试定义中,定义了永久链路模型,它将代替基本链路模型。永久链路方式供工程安装人员和用户测量安装的固定链路性能。

永久链路由最长为90m的水平电缆、水平电缆两端的接插件(一端为工作区信息插座,另一端为楼层配线架)和链路可选的转接连接器组成。与基本链路不同的是,永久链路不包括两端2m测试电缆,电缆总长度为90m;而基本链路包括两端的2m测试电缆,电缆总计长度为94m。

永久链路模型如图2-126所示。H是从信息插座至楼层配线设备(包括集合点)的水平电缆,H的最大长度为90m。

永久链路测试模型使用永久链路适配器连接测试仪表和被测链路,测试仪表能自动扣除测试跳线的影响,排除测试跳线在测试过程中本身带来的误差,因此在技术上消除了测试跳线对整个链路测试结果的影响,使测试结果更准确、合理。

3)信道模型

信道是指从网络设备跳线到工作区跳线的端到端的连接,包括最长90m的水平线缆、水平电缆两端的接插件(一端为工作区信息插座,另一端为配线

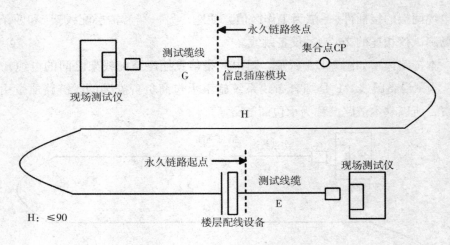

图 2-126   永久链路模型

架）、一个靠近工作区的可选的附属转接连接器，最长 10m 的在楼层配线架和用户终端的连接跳线，信道最长为 100m。信道模型如图 2-127 所示。其中 A 是用户端连接跳线，B 是转接电缆，C 是水平电缆，D 是最大 2m 的跳线，E 是配线架到网络设备的连接跳线，B 和 C 总计最大长度为 90m，A、D 和 E 总计最大长度为 10m。

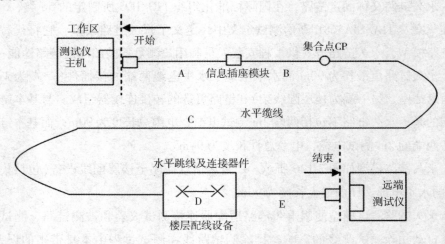

图 2-127   信道链路模型

信道测试的是网络设备到计算机间，端到端的整体性能，是用户所关心的，所以信道也被称为用户链路。

基本链路模型和信道模型的区别在于基本链路模型不包含用户使用的跳线，仅包括管理间配线架到交换机的跳线和工作区用户终端与信息插座之间的跳线。

测试基本链路时，采用测试仪专配的测试跳线连接测试仪接口；测试信道时，直接使用链路两端的跳线连接测试仪接口。

　　永久链路有综合布线系统施工方负责完成。通常，综合布线系统施工方在完成综合布线系统工程的时候，布线系统化所要连接的设备、器件并没有完全安装，而且并不是所有的电缆都会连接到设备或器件上，所以，综合布线系统施工方只能向用户提交一份基于永久链路模型的测试报告。

　　从用户角度来说，用于高速网络传输或其他通信传输的链路不仅仅要包含永久链路部分，还应包括用于连接设备的用户电缆，所以希望得到基于信道的测试报告。无论采用何种模型，都是为了认证布线工程是否达到设计要求。在实际测试应用中，选择哪一种测量连接方式，应根据需求和实际情况决定。使用信道模型更符合实际使用的情况，但是很难实现，所以对 5e 类和 6 类综合布线系统，一般工程验收测试都选择永久链路模型。

　　（2）双绞线认证测试常用仪表

　　1）Micro Scanner 2 电缆验测仪（MS2）。

　　Fluke Micro Scanner Pro 2 是专为防止和解决电缆安装问题而设计的。如图 2-128 所示。使用线序适配器可以迅速检验 4 对线的连通性，以确认被测电缆的线序正确与否，并识别开路、短路、跨接、串扰或任何错误连线，迅速定位故障，从而确保基本的连通性和端接的正确性。

　　2）FlukeDTX 系列电缆认证分析仪。

　　福禄克网络公司推出的DTX 系列电缆认证分析仪全面支持国家标准 GB 50312—2007。FlukeDTX 系列中文数字式线缆认证分析仪有 DTX－LTAP（350M 带宽标准型）、DTX－1200AP（350M 带宽增强型）、DTX－1800AP（900M 带宽超强型，7 类）等几种类型可供选择。

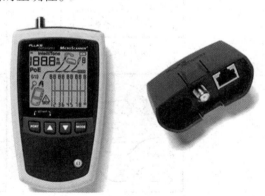

图 2-128　MicroScanner2 电缆验测仪

如图 2-129 所示为 FlukeDTX.1800AP 电缆认证分析仪。这种测试仪可以进行基本的连通性测试，也可以进行比较复杂的电缆性能测试，能够完成指定频率范围内衰减、近端串扰等各种参数的测试，从而确定其是否能够支持高速网络。

这种测试仪一般包括两部分：基座部分和远端部分。基座部分可以生成高频信号，这些信号可以模拟高速局域网设备发出的信号。

（3）双绞线的认证测试

测试内容包括：接线图、长度、近端串扰、衰减、衰减串扰比、回波损耗等。

1）接线图

图 2-129　FlukeDTX. 1800AP 电缆认证分析仪

接线图的测试，主要测试水平电缆终接在工作区或电信间配线设备的 8 位模块式通用插座的安装连接正确或错误。正确的线对组合为：1—2、3—6、4—5、7—8，分为非屏蔽和屏蔽两类，对于非 RJ-45 的连接方式按相关规定要求列出结果。

布线过程中可能出现以下正确或不正确的连接图测试情况，如图 2-130 所示。

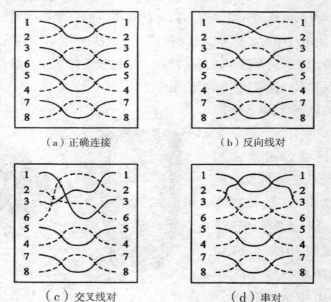

（a）正确连接　　　　　　（b）反向线对

（c）交叉线对　　　　　　（d）串对

图 2-130　接线图测试

①开路：开路是线芯断开了。

②短路：两根线芯连在一起形成短路。

③反向线对：线对在两端的位置接反。

④交叉线对：将一对线对接到另一端的另一线对上。

⑤串对。串对是从不同绕对中组合新的绕对，这是一种会产生极大串把的错误连接。这种错误对端对端的连通性不产生影响，用普通的连通性测试仪不能检查出故障，需用电缆认证测试仪才能检测出。

接线图测试未通过的可能原因有：

①双绞线电缆两端的接线线序不对，造成测试接线图出现交叉现象；

②双绞线电缆两端的接头有断路、短路、交叉、破裂的现象；

③某些网络特意需要发送端和接收端跨接，当测试这些网络链路时，由于设备线路的跨接，测试接线图会出现交叉。

相应的解决问题的方法：

①对于双绞线电缆两端端接线序不对的情况，可以采取重新端接的方式解决；

②对于双绞电缆两端的接头出现的短路、断路等现象，首先应根据测试仪显示的连线图判定双绞线电缆的哪一端出现了问题，然后重新端接。

③对于跨接问题，应确认其是否符合设计要求。

2）长度

超 5 类非屏蔽双绞线的传输距离一般不超过 100m。测量双绞线长度时通常采用 TDR（时域反射计）测试技术。TDR 的工作原理是：测试仪从电缆一端发出一个脉冲，在脉冲行进时，如果碰到阻抗的变化，如开路、短路或不正常接线时，就会将部分或全部的脉冲能量反射回测试仪。依据来回脉冲的延迟时间及已知的信号在电缆传播的 NVP（额定传播速率），测试仪就可以计算脉冲接收端到该脉冲返回点的长度。

$$NVP = 2 \times L / (T \times c)$$

式中　L——电缆长度；

　　　T——信号在传送端与接收端的时间差；

　　　C——光在真空中传播速度，C 为 3×10^8 m/s。

NVP 值随不同线缆类型而异。通常，NVP 范围为 60% ~ 90%，即 NVP = (0.6 ~ 0.9)c。测量长度的准确性就取决于 NVP 值，因此在正式测量前，用一个已知长度（必须在 15m 以上）的电缆来校正测试仪的 NVP 值，测试样线愈长，测试结果愈精确。由于每条电缆的线对之间的绞距不同，所以在测试时，采用延迟时间最短的线对作为参考标准来校正电缆测试仪。典型的非屏蔽双绞线的 NVP 值从 62% ~72% 之间。

链路长度测试未通过的原因可能有以下几种：

①测试 NVP 设置不正确；

②实际长度超长，如双绞线电缆信道长度不应超过 100m；

③双绞线电缆开路或短路。

相应的解决问题的方法：

①可用已知的电缆确定并重新校准测试仪的 NVP；

②对于电缆超长问题，只能重新布设电缆来解决；

③对于双绞线电缆开路或短路的问题，首先要根据测试仪显示的信息，准确地定位电缆开路或短路的位置，然后重新端接电缆。

3）近端串扰

当信号在一条通道中某线对传输时，由于平衡电缆互感和电容的存在，同时会在相邻线对中感应一部分信号，这种现象称为串扰。串扰分为近端串扰（Near End Cross-Talk，NEXT）和远端串扰（Far End Cross-Talk，FEXT）两种。

近端串扰是指处于线缆一侧的某发送线对的信号对同侧的其他相邻（接收）线对通过电磁感应所造成的信号耦合。

近端串扰是用近端串扰损耗值来度量的，近端串扰损耗值越大越好，近端串扰损耗定义为导致该串扰的发送信号值（dB）与被测线对上发送信号的近端串扰值（dB）之差值（dB）。某线对受到越小的串扰意味着该线对对外界串扰具有越大的损耗能力，也就是导致该串扰的发送线对的信号在被测线对上的测量值越小（表示串扰损耗越大），这就是为什么不直接定义串扰，而定义成串扰损耗的原因所在。所以测量的近端串扰值越大，表示受到的串扰越小，测量的近端串扰值越小，表示受到的串扰越大

近端串扰与线缆类别、端接工艺和频率有关，双绞线的两条导线绞合在一起后，因为相位相差 180°而抵消相互间的信号干扰，绞距越紧抵消效果越好，也就越能支持较高的数据传输速率。在端接施工时，为减少串扰，打开绞接的长度不能超过 13mm。近端串扰测试未通过的可能原因有：

①双绞线电缆端接点接触不良；

②双绞线电缆远端连接点短路；

③双绞线电缆线对钮绞不良；

④存在外部干扰源影响；

⑤双绞线电缆和连接硬件性能问题，或不是同一类产品。

相应的解决问题的方法：

①对于接触点接触不良的问题，经常出现在模块压接和配线架压接方面，因此应对电缆所端接的模块和配线架进行重新压接加固；

②对于远端连接点短路问题，可以通过重新端接电缆来解决；

③对于双绞线电缆在端接模块或配线架时，线对钮绞不良，则应采取重新端接的方法来解决；

④对于外部干扰源，只能采用金属线槽或更换为屏蔽双绞线电缆的手段来解决；

⑤对于双绞线电缆和连接硬件的性能问题，只能采取更换的方式来彻底解决，所有线缆及连接硬件应更换为相同类型的产品。

4）衰减

衰减（A，Attenuation），是指信号传输时在一定长度的线缆中的损耗，如图2-131 所示，它是对信号损失的度量，衰减以分贝（dB）来度量，衰减的 dB 值越大，衰减越厉害，接收的信号越弱，过量衰减会使电缆链路传输数据不可靠，应尽量得到低分贝的衰减。

线缆的长度是衰减的一个主要因素，长度增加，信号衰减随之增加。衰减不仅与信号传输距离有关，而且由于传输信道阻抗存在，它会随着信号频率的增加，而使信号的高频分量衰减加大，不恰当的端接也会引起过量的衰减。

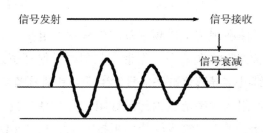

图 2-131　信号衰减

衰减测试未通过的可能原因有：

①双绞线电缆超长；

②双绞线电缆端接点接触不良；

③电缆和连接硬件性能问题，或不是同一类产品；

④现场温度过高。

相应的解决问题的方法如下：

①对于超长的双绞线电缆，只能采取更换传输介质的方式来解决；

②对于双绞线电缆端接质量问题，可采取重新端接的方式来解决；

③对于电缆和连接硬件的性能问题，应采取更换的方式来彻底解决，所有线缆及连接硬件应更换为相同类型的产品。

5）衰减串扰比

通信链路在信号传输时，衰减和串扰都会存在，串扰反映电缆系统内的噪声，衰减反映线对本身的传输质量，这两种性能参数的混合效应（信噪比）可以反映出电缆链路的实际传输质量，用衰减与串扰比来表示这种混合效应，衰减与串扰比定义为：被测线对受相邻发送线对串扰的近端串扰损耗值与本线对传输信号衰减值的差值（单位为 dB），即：

衰减串扰比 ACR = 近端串扰损耗值 – 衰减（dB）

近端串扰损耗越高而衰减越小，则衰减串扰比越高。一个高的衰减串扰比意味着干扰噪声强度与信号强度相比微不足道，因此衰减串扰比越大越好。

6）远端串扰

远端串扰是信号从近端发出，而在链路的另一侧（远端），发送信号的线对向其同侧其他相邻（接收）线对通过电磁感应耦合而造成的串扰。与 NEXT 一样定义为串扰损耗。因为信号的强度与它所产生的串扰及信号的衰减有关，所以电缆长度对测量到的 FEXT 值影响很大，FEXT 并不是一种很有效的测试指标

7）特性阻抗

特性阻抗是指链路在规定工作频率范围内呈现的电阻。无论使用何种双绞线，使每对芯线的特性阻抗在整个工作带宽范围内应保证恒定、均匀。链路上任何点的阻抗不连续性将导致该链路信号发生反射和信号畸变。

特性阻抗包括电阻及频率范围内的感性阻抗和容性阻抗，与线对间的距离及绝缘体的电气性能有关。双绞线的特性阻抗有 100Ω、120Ω、150Ω 几种，综合布线中通常使用 100Ω 的双绞线。

8）回波损耗

回波损耗是线缆与接插件构成布线链路阻抗不匹配导致的一部分能量反射。当端接阻抗（部件阻抗）与电缆的特性阻抗不一致，偏离标准值时，在通信链路上就会导致阻抗不匹配。阻抗的不连续性引起链路偏移，电信号到达链路偏移区时，会消耗掉一部分来克服链路偏移，这样会导致两个后果，一是信号损耗，二是少部分能量会被反射回发送端。被反射到发送端的能量会形成噪声，导致信号失真，降低了通信链路的传输性能。

回波损耗的计算公式如下：

回波损耗 = 发送信号值/反射信号值

从上式可以看出，回波损耗越大，则反射信号越小，意味着信道采用的电缆和相关连接硬件阻抗的一致性越好，传输信号越完整，在信道上的噪声越小，因此回波损耗越大越好。

9）传输时延

传输延迟是信号在电缆线对中传输时所需要的时间。传输延迟随着电缆长度的增加而增加，测量标准是指信号在 100m 电缆上的传输时间，单位是纳秒（ns），它是衡量信号在电缆中传输快慢的物理量，如图 2-132 所示。

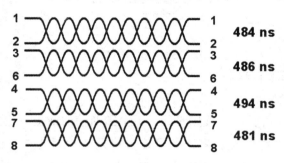

图 2-132　传输时延

时延偏差是指同一 UTP 电缆中传输速度最快的线对和传输速度最慢线对的传输延迟差值，它以同一缆线中信号传输时延最小的线对的时延值作为参考，其余线对与参考线对都有时延差值，如图 2-133 所示。最大的时延差值是电缆的时延偏差。

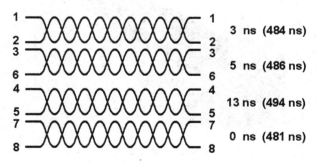

图 2-133　时延偏离

4. 光纤认证测试

（1）光纤链路

在国家标准《综合布线系统工程验收规范》（GB 50312—2007）定义：对光纤链路性能测试是对每一条光纤链路的两端在双波长情况下测试收/发情况。

221

①在两端对光纤逐根进行双向（收与发）测试时，连接方式如图 2-134 所示，其中，光连接器件可以为工作区 TO、电信间 FD、设备间 BD、CD 的 SC、ST、SFF 连接器件；

②光缆可以为水平光缆、建筑物主干光缆和建筑群主干光缆；

③光纤链路中不包括光跳线。

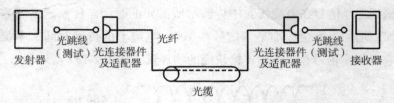

图 2-134　光纤测试链路

（2）光纤认证测试仪器

1）光纤识别仪

光纤识别仪是一种在不破坏光纤、不中断通信的前提下迅速、准确地识别光纤路线，指出光纤中是否有光信号通过以及光信号走向，而且它还能识别 2kHz 的调制信号，光纤夹头具有机械阻尼设计，以确保不对光纤造成永久性伤害，是线路日常维护、抢修、割接的必备工具之一，使用简便，操作舒适。如图 2-135 所示。

图 2-135　光纤识别仪

2）故障定位仪

光纤故障定位仪是可以识别光纤链路中故障的设备，如图 2-136 所示。可以从视觉上识别出光纤链路的断开或光纤断裂。

3）光功率计

光功率计是测试光纤布线链路损耗的基本测试设备，如图 2-137 所示。它可以测量光缆的出纤光功率。在光纤链路段，用光功率计可以测量传输信号的损耗和衰减。

图 2-136 光纤故障定位仪　　　　　　图 2-137 光功率计

　　大多数光功率计是手提式设备，用于测试多模光缆布线系统的光功率计的工作波长是 850nm 和 1300nm，用于测试单模光缆的光功率计的测试波长是 1310nm 和 1550nm。光功率计和激光光源一起使用，是测试评估楼内、楼区布线多模光缆和野外单模光缆最常用的测试设备。

　　4）光纤测试光源

　　在进行光功率测量时必须有一个稳定的光源。光纤测试光源可以产生稳定的光脉冲。光纤测试光源和光功率计一起使用，这样，功率计就可以测试出光纤链路路段的损耗。光纤测试光源如图 2-138 所示。

　　目前的光纤测试光源主要有 LED（发光二极管）光源和激光光源两种；VCSEL（垂直腔体表面发射激光）光源是一种性能好且造价低的激光光源，目前很多网络互连设备都可以提供 VCSEL 光源的端口。

　　5）光损耗测试仪

　　光损耗测试仪是由光功率计和光纤测试光源组合在一起构成的。光损耗测试仪包括所有进行链路段测试所必需的光纤跳线、连接器和耦合器。

　　光损耗测试仪可以用来测试单模光缆和多模光缆。用于测试多模光缆的光损耗测试仪有一个 LED

图 2-138 测试光源

光源，可以产生 850nm 和 1300nm 的光；用于测试单模光缆的光损耗测试仪有一个激光光源，可以产生 1310nm 和 1550nm 的光。如图 2-139 所示。

6）光时域反射仪

光时域反射仪（OTDR）是最复杂的光纤测试设备，如图 2-140 所示为 Fluke 公司的 OptiFiber 光缆认证（OTDR）分析仪 – OF500。OTDR 可以进行光纤损耗的测试，也可以进行长度测试，还可以确定光纤链路故障的起因和故障位置。

OTDR 使用的是激光光源，而不像光功率计那样使用 LED。OTDR 基于回波散射的工作方式，光纤连接器和接续子在连接点上都会将部分光反射回来。OTDR 通过测试回波散射的量来检测链路中的光纤连接器和接续子。OTDR 还可以通过测量回波散射信号返回的时间来确定链路的距离。

图 2-139　光损耗测试仪

7）Fluke DTX 测试仪选配光纤模块

使用 Fluke DTX 测试仪测试光纤链路时，必须配置光纤链路测试模块，并根据光纤链路的类型选择单模或多模模块。

将多模或单模 DTX 光缆模块插入 DTX 电缆认证分析仪背面专用的插槽中，无需再拆卸下来，如图 2-141 所示。不像传统的光缆适配器需要和双绞线适配器共享一个连接头，DTX 光缆测试模块通过专用的数字接口和 DTX 通讯。双绞线适配器和光缆模块可以同时接插在 DTX 上。优点是单键就可快速在铜缆和光缆介质测试间进行转换。

图 2-140　光时域反射仪

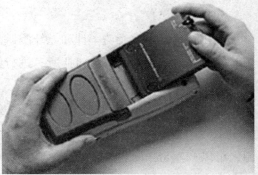

图 2-140　Fluke DTX 测试仪选配光纤模块

（3）光纤的认证测试

测试内容包括连续性测试、长度测试、衰减测试和故障定位等测试。

1）光纤的连续性测试

光纤的连续性是对光纤的基本要求，因此对光纤的连续性进行测试是基本的测量之一。进行连续性测量时，通常把红色激光，发光二极管（LED）或者其他可见光注入光纤，并在光纤的末端监视光的输出。如果在光纤中有断裂或其他的不连续点，在光纤输出端的光功率就会下降或者根本没有光输出。

通常在购买电缆时，可用电筒从光纤一端照射，从光纤的另一端察看是否有光源，如有，则说明光纤是连续的，中间没有断裂，如光线弱时，则要用测试仪来测试。光通过光纤传输后，功率的衰减大小也能表示出光纤的传导性能。如果光纤的衰减太大，则系统也不能正常工作。光功率计和光源是进行光纤传输特性测量的一般设备。

2）光纤长度测试

光纤链路包括光纤布线系统两个端接点之间的所有部件，包括光纤、光纤连接器、光纤接续子等。

①水平光缆链路：水平光纤链路从水平跳接点到工作区插座的最大长度为100m，它只需 850nm 和 1300nm 的波长，要在一个波长内单方向进行测试。

②主干多模光缆链路：主干多模光缆链路应该在 850nm 和 1300nm 波段进行单向测试，在链路长度上有如下要求：

从主跳接到中间跳接的最大长度是 1700m；

从中间跳接到水平跳接的最大长度是 300m；

从主跳接到水平跳接的最大长度是 2000m。

③主干单模光缆链路：主干单模光缆链路应该在 1310nm 和 1550nm 波段进行单向测试，在链路长度上有如下要求：

从主跳接到中间跳接的最大长度是 2700m；

从中间跳接到水平跳接的最大长度是 300m；

从主跳接到水平跳接的最大长度是 3000m。

3）光纤链路衰减

必须对光纤链路上的所有部件进行衰减测试。衰减测试就是对光功率损耗的测试。引起光纤链路损耗的原因主要有以下几种：

①材料原因：光纤纯度不够，或材料密度的变化太大；

②光缆的弯曲程度：包括安装弯曲和产品制造弯曲问题，光缆对弯曲非常

敏感，如果弯曲半径大于 2 倍的光缆外径，大部分光将保留在光缆核心内，单模光缆比多模光缆更敏感；

③光缆接合以及连接的耦合损耗：主要由截面不匹配、间隙损耗、轴心不匹配和角度不匹配造成；

④不洁净或连接质量不良：主要由不洁净的连接，灰尘阻碍光传输，手指的油污影响光传输，不洁净光缆连接器等造成。

4）故障定位测试

OTDR（光时域反射仪）可以用来定位光纤故障位置。

OTDR 测试是通过发射光脉冲到光纤内，然后在 OTDR 端口接收返回的信息来进行。当光脉冲在光纤内传输时，会由于光纤本身的性质、连接器、接合点、弯曲或其他类似的原因产生散射、反射。其中一部分的散射和反射会返回到 OTDR 中。返回的有用信息由 OTDR 的探测器来测量，它们就作为光纤内不同位置上的时间或曲线片断。从发射信号到返回信号所用的时间，再确定光在玻璃物质中的速度，就可以计算出距离。

从发射信号到返回信号所用的时间，再确定光在玻璃物质中的速度，就可以计算出距离。以下的公式就说明了 OTDR 是如何测量距离的。

$$d = (c \times t)/2(IOR)$$

式中　c——光在真空中的速度；

　　　T——是信号发射后到接收到信号（双程）的总时间（两值相乘除以 2 后就是单程的距离）；

IOR——折射率。因为光在玻璃中要比在真空中的速度慢，所以为了精确地测量距离，被测的光纤必须要指明（IOR）。IOR 是由光纤生产商来标明。

二、系统验收

1. 线缆敷设检验

（1）预埋线槽和暗管敷设缆线应符合下列规定：

①敷设线槽和暗管的两端宜用标志表出编号等内容。

②预埋线槽宜采用金属线槽，预埋或密封线槽的截面利用率应为 30% ~ 50%。

③敷设暗管宜采用钢管或阻燃聚氯乙烯硬质管。布放大对数主干电缆及 4 芯以上光缆时，直线管道的管径利用率应为 50% ~ 60%，弯管道应为 40% ~ 50%。暗管布放 4 对对绞电缆或 4 芯及以下光缆时，管道的截面利用率应为

25% ~ 30%。

（2）设置缆线桥架和线槽敷设缆线应符合下列规定：

①密封线槽内缆线布放应顺直，尽量不交叉，在缆线进出线槽部位、转弯处应绑扎固定。

②缆线桥架内缆线垂直敷设时，在缆线的上端和每间隔 1.5m 处应固定在桥架的支架上；水平敷设时，在缆线的首、尾、转弯及每间隔 5 ~ 10m 处进行固定。

③在水平、垂直桥架中敷设缆线时，应对缆线进行绑扎。对绞电缆、光缆及其他信号电缆应根据缆线的类别、数量、缆径、缆线芯数分束绑扎。绑扎间距不宜大于 1.5m，间距应均匀，不宜绑扎过紧或使缆线受到挤压。

④楼内光缆在桥架敞开敷设时应在绑扎固定段加装垫套。

（3）采用吊顶支撑柱作为线槽在顶棚内敷设缆线时，每根支撑柱所辖范围内的缆线可以不设置密封线槽进行布放，但应分束绑扎，缆线应阻燃，缆线选用应符合设计要求。

（4）建筑群子系统采用架空、管道、直埋、墙壁及暗管敷设电、光缆的施工技术要求应按照本地网通信线路工程验收的相关规定执行。

2. 配线子系统缆线敷设保护

（1）预埋金属线槽保护要求：

①在建筑物中预埋线槽，宜按单层设置，每一路由进出同一过路盒的预埋线槽均不应超过 3 根，线槽截面高度不宜超过 25mm，总宽度不宜超过 300 线槽。路由中若包括过线盒和出线盒，截面高度宜在 70 ~ 100mm 范围内。

②线槽直埋长度超过 30m 或在线槽路由交叉、转弯时，宜设置过线盒，以便于布放缆线和维修。

③过线盒盖能开启，并与地面齐平，盒盖处应具有防灰与防水功能。

④过线盒和接线盒盒盖应能抗压。

⑤从金属线槽至信息插座模块接线盒间或金属线槽与金属钢管之间相连接时的缆线宜采用金属软管敷设。

（2）预埋暗管保护要求：

①预埋在墙体中间暗管的最大管外径不宜超过 50mm，楼板中暗管的最大管外径不宜超过 25mm，室外管道进入建筑物的最大管外径不宜超过 100mm。

②直线布管每 30m 处应设置过线盒装置。

③暗管的转弯角度应大于 90°，在路径上每根暗管的转弯角不得多于 2 个，

并不应有 S 弯出现，有转弯的管段长度超过 20m 时，应设置管线过线盒装置；有 2 个弯时，不超过 15m 应设置过线盒。

④暗管管口应光滑，并加有护口保护，管口伸出部位宜为 25～50mm。

⑤至楼层电信间暗管的管口应排列有序，便于识别与布放缆线。

⑥暗管内应安置牵引线或拉线。

⑦金属管明敷时，在距接线盒 300mm 处，弯头处的两端，每隔 3m 处应采用管卡固定。

⑧管路转弯的曲半径不应小于所穿入缆线的最小允许弯曲半径，并且不应小于该管外径的 6 倍，如暗管外径大于 50mm 时，不应小于 10 倍。

（3）设置缆线桥架和线槽保护要求：

①缆线桥架底部应高于地面 2.2m 及以上，顶部距建筑物楼板不宜小于 300mm，与梁及其他障碍物交叉处间的距离不宜小于 50mm。

②缆线桥架水平敷设时，支撑间距宜为 1.5～3m。垂直敷设时固定在建筑物结构体上的间距宜小于 2m，距地 1.8m 以下部分应加金属盖板保护，或采用金属走线柜包封，门应可开启。

③直线段缆线桥架每超过 15～30m 或跨越建筑物变形缝时，应设置伸缩补偿装置。

④金属线槽敷设时，在下列情况下应设置支架或吊架：线槽接头处、每间距 3m 处、离开线槽两端出口 0.5m 处、转弯处。

⑤塑料线槽槽底固定点间距宜为 1m。

⑥缆线桥架和缆线线槽转弯半径不应小于槽内线缆的最小允许弯曲半径，线槽直角弯处最小弯曲半径不应小于槽内最粗缆线外径的 10 倍。

⑦桥架和线槽穿过防火墙体或楼板时，缆线布放完成后应采取防火封堵措施。

（4）网络地板缆线敷设保护要求：

①线槽之间应沟通。

②线槽盖板应可开启。

③主线槽的宽度宜在 200～400mm，支线槽宽度不宜小于 70mm。

④可开启的线槽盖板与明装插座底盒间应采用金属软管连接。

⑤地板块与线槽盖板应抗压、抗冲击和阻燃。

⑥当网络地板具有防静电功能时，地板整体应接地。

⑦网络地板板块间的金属线槽段与段之间应保持良好导通并接地。

（5）在架空活动地板下敷设缆线时，地板内净空应为150～300mm 若空调采用下送风方式则地板内净高应为300～500mm。

（6）吊顶支撑柱中电力线和综合布线缆线合一布放时，中间应有金属板隔开，间距应符合设计要求。

3. 干线子系统缆线敷设保护要求

（1）缆线不得布放在电梯或供水、供气、供暖管道竖井中，缆线不应布放在强电竖井中。

（2）电信间、设备间、进线间之间干线通道应沟通。

4. 光缆芯线终接要求

（1）采用光纤连接盘对光纤进行连接、保护，在连接盘中光纤的弯曲半径应符合安装工艺要求。

（2）光纤熔接处应加以保护和固定。

（3）光纤连接盘面板应有标志。

（4）光纤连接损耗值，应符合表2-13的规定。

表2-13　光纤连接损耗

连接类别	多模		单模	
	平均值	最大值	平均值	最大值
熔接	0.15	0.3	0.15	0.3
机械连接		0.3		0.3

任务实施

一、学生宿舍楼综合布线系统测试结果

1. 双绞线测试

（1）要求对学生宿舍楼配线子系统双绞线进行抽检测试。

（2）测试结果如表2-14所示（表中只体现部分测试结果）：

表2-14　学生宿舍楼配线子系统双绞线测试结果

线缆编号	接线图	长度	近端串扰	衰减	传输时延	备注
101－1	通过	通过	通过	通过	通过	
101－2	通过	通过	通过	通过	通过	
105－1	通过	通过	通过	通过	通过	
105－2	通过	通过	通过	通过	通过	

续表

线缆编号	接线图	长度	近端串扰	衰减	传输时延	备注
109－1	通过	通过	通过	通过	通过	
109－2	未通过	通过	未通过	通过	通过	
115－1	通过	通过	通过	通过	通过	
115－2	通过	通过	通过	通过	通过	
203－1	通过	通过	通过	通过	通过	
203－2	通过	通过	未通过	通过	通过	
206－1	通过	通过	通过	通过	通过	
206－2	通过	通过	通过	通过	通过	
216－1	通过	通过	通过	通过	通过	
216－2	通过	通过	通过	通过	通过	
219－1	通过	通过	通过	通过	通过	
219－2	通过	通过	通过	未通过	通过	
306－1	通过	通过	通过	通过	通过	
309－2	通过	通过	通过	通过	通过	
312－1	通过	通过	通过	通过	通过	
420－1	通过	通过	通过	通过	通过	

二、学生宿舍楼综合布线系统验收结果

1. 验收人员。由客户方指派技术人员与施工方验收人员共同验收。

2. 验收记录表 2-15

表 2-15　验收记录表

项目名称		8 号学生宿舍楼综合布线系统		
施工单位	XX 网络工程公司	施工负责人		张三
检测项目		检查评定记录		备注
1	缆线终接		合格	执行 GB/T 50312 中第 6.0.1 条的规定
2	各类跳线的终接		合格	执行 GB/T 50312 中第 6.0.4 条的规定
3	机柜安装	垂直小于 3mm	合格	执行 GB/T 50312 中第 4.0.1、4.0.2、4.0.4、4.0.5 条的规定
		设备底座	合格	
		部件	合格	
4	配线架的安装	紧固状况	合格	
5	线槽安装	位置	合格	
		线槽连接	合格	

续表

项目名称	8 号学生宿舍楼综合布线系统		
7	信息插座的安装	合格	执行 GB/T 50312 中第 4.0.3 条的规定
8	标签管理	合格	执行 GB/T 50312 中第 8.0.1、8.0.2、8.0.3 条的规定

验收结果：

施工单位(检测)负责人：(签字)

年　　月　　日

知识拓展：吹光纤系统

一、吹光纤技术概述

近年来，随着数据通信网络的发展，用户出于对传输带宽安全性等方面的考虑，越来越多地采用了光纤。而最近出现了一种全新的光纤布线方式——吹光纤布线。所谓吹光纤即预先铺设特制的空管道，在需要安装光纤时，将光纤通过压缩空气吹入到空管道内。吹光纤技术的发明，为建筑群之间以及大楼内部的光纤布线提供了极大的灵活性。

从传统意义讲，结构化综合布线系统的灵活性及可变性主要体现在配线架上。可以通过灵活的跳线，将不同物理位置的信息点与数据或音频网络设备相连。但是，一旦水平布线子系统铺设安装到位后，就无法再进行路由及线缆类别的变更或进行扩容，除非重新实施或付出遭受破坏的代价，也就是说今天我们为用户安装了水平的 3 类线，明天要想扩容或升级到 5 类线或光纤，就得重新再做。而垂直子系统的情况会稍好一些，只要竖井内、桥架或线槽里有足够的空间，就可以不需要进行太多破坏而重新布线，以达到扩容或升级的目的。但这也仅仅在理论上可行，由于大多数施工现场的情况都比较复杂，要想对已完成的垂直子系统的线缆进行更换、扩容或升级，绝不是件轻而易举的事。

那么，难道综合布线系统就没有一种更加灵活更加简便快捷的解决方法来满足真正意义上的扩展性与升级性的需求吗？答案就是——吹光纤系统。

二、吹光纤的历史

1982 年，英国电信（British Telecom）发明了吹光缆技术，它原本是英国电信为本国电信网络设计，用来降低光缆施工的成本，但由于吹制技术等原因始终未能商用。1987 年，英国奔瑞公司（Brand－Rex）发明了单吹光纤技术。1988 年，世界上首次实现室内吹光纤的安装。1993 年，整个系统开发完善，正式命名为吹光纤系统（Blolite），并开始商用。随后，在欧洲迅速普及。1997 年，吹光纤系统正式进入我国，在上海证券大厦（上海证券交易所）、新华社总社、北京市长途电话局等得到应用。

在早期的"吹光纤"发明时，奔瑞公司（Brand－Rex）曾经尝试使用类似于降落伞的小伞，通过压缩空气的吹动来拖拉光纤，在特制的吹光纤空管里吹制。然而由于小伞与光纤连接点的表面张力过大，易使光纤连接点断裂而告以失败，如图 2-142 所示。随后厂家开始改进光纤表面涂层技术，采用直接吹入压缩空气来安装光纤并获得成功，如图 2-143 所示。

图 2-142　早期失败的实验

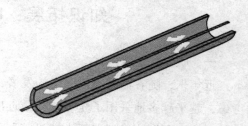

图 2-143　技术改进后的吹制方法

三、吹光纤系统的组成

吹光纤系统由微管（单微管和多微管）、吹光纤纤芯、附件（包括配线架信息出口连接头等）和安装设备组成。

1. 微管（单微管和多微管）

吹光纤的微管分为单微管和多微管，如图 2-144 和图 2-145 所示，单微管有两种规格，分为 5mm（外径）和 8mm（外径）管。8mm 管由于内径较粗，因而吹制距离也较远。每一个多微管可由 2~4 或 7 根单微管组成，并按应用环境分为室内型及室外型两类。值得一提的是，该系统中所有微管外皮均采用阻燃、低烟、不含卤素的材料，在燃烧时不会产生有毒气体，符合国际最新标准的要求。

微管内壁则为低摩擦衬里，非常光滑，利于吹光纤纤芯在管内的移动。

在进行楼内或楼间光纤布线时，可先将微管敷设在所需路由上，不将光纤吹入，当需要时才将光纤吹入微管，进行端接。采用直径5mm的微管，在路由多弯曲（路由中最小弯曲半径为25mm，有300个90°弯曲）的情况下可吹制超过300m，在直路中可超过500m。采用8mm微管，在路由多弯曲的情况下，可吹制距离超过600m，在直路中可超过1000m，垂直安装高度（由下向上吹制）超过300m。在室内环境中，单微管的最小弯曲半径为25mm，可充分适应楼内布线环境的要求。微管路由的变更也非常简便，只需将要变更的微管切断，再用微管连接头进行拼接即可，方便地完成对路由的修改、封闭和增加。

图2-144　单微管

图2-145　多微管

2. 吹光纤纤芯

吹光纤单芯纤芯有多模62.5/125、50/125和单模三类，如图2-146所示，其性能与传统光纤系统没有差别，并可根据用户需求定制带宽更高和衰耗更低的光纤。每根5mm外径或8mm外径的单微管同时最多均可吹8芯光纤（可吹制不同种类光纤），且吹制时无需特意绑扎

图2-146　吹光纤纤芯（轴装）

光纤。由于光纤表面经过特别涂层处理（涂层表面有鳞状凸起不规则细小颗粒），并且重量极轻（每芯每米0.23g），因而吹制的灵活性极强。在吹光纤安装时，对于最小弯曲半径25mm的弯度，在允许范围内最多可有300个90°弯曲。由于吹光纤表面采用了特殊涂层，因而在压缩空气进入空管时，光纤借助空气动力悬浮在空管内，并利用空气涡流作用向前飘行，如图2-147所示。且吹制时，纤芯没有方向性，吹制方向只是取决于压缩空气的吹动方向。另外，由于吹光纤的内层结构即玻璃纤芯与普通光纤相同，因此光纤的端接程序、设备及接头与传统光纤完全相同。

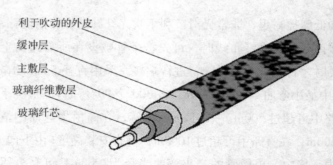

利于吹动的外皮
缓冲层
主敷层
玻璃纤维敷层
玻璃纤芯

图 2-147　吹光纤纤芯结构

3. 吹光纤附件

附件包括 19 英寸吹光纤配线架、跳线、墙上及地面光纤出线盒、用于微管间连接的陶瓷接头等，如图 2-148 所示。

吹光纤配线架微管连接头

吹光纤墙上出口　　　　　　　　　　　　　　吹光纤地面出口

图 2-148　吹光纤附件

4. 安装设备

早期的吹光纤安装设备，总重量超过 130kg，因而设备的移动较困难，安装时需用 2 辆拖车拉到现场，不易于吹光纤技术的推广。1996 年，BICC 公司在原设备的基础上进行了大量改进，推出了改进型设备（型号 IM2000），如图 2-149 所示。IM2000 由 2 个手提箱组成，总净重量不到 35kg，便于携带和安装。该设备通过压缩空气，将光纤吹入微管，吹制速度最高可达到 40m/min。

四、吹光纤系统的性能特点及其优越性

1. 系统特性指标

由于吹光纤系统与传统光纤系统的区别主要是在于其铺设方式上，光纤本

图 2-149　吹光纤设备 IM2000

身的衰减等指标与普通光纤相同，并同样可采用 ST、SC 型接头端接，同时吹光纤系统的造价亦与普通光纤系统相差无几。

2. 一个完整的光纤系统

吹光纤系统并非只提供一些可替换传统光纤系统的元部件，实际上它是一个可替代传统光纤的完整系统。从光纤、墙上/地面出口、配线架到附件，均可供用户选择。

3. 设计简单

在传统的光纤布线设计中，对于楼与楼之间、光纤到桌等方案，出于对光纤成本(含端接接续)、布放难度等考虑，不能全面考虑未来的需求而尽可能全面地布线。吹光纤系统则不同，在设计时，只需考虑光纤系统的物理结构，可以尽可能地敷设吹光纤微管，而后按实际需要再将光纤吹入，进行端接。

4. 分散投资成本

目前，许多用户在考虑光纤系统设计时，出于对光纤系统成本的考虑(成本包括相关的光缆、端接、配线架、光电转换设备以及布放难度等)，不能全面考虑未来的需求，而尽可能全面地布线。特别是在很多布线工程中，只有极少数信息点采用光纤到桌方案，而当后期需要增加光纤时，由于没有合适的铺设路由，倍感苦恼。对于吹光纤系统则不同，由于微管成本极低(只及整个光纤系统的5%左右)，所以在设计时，可以尽可能地敷设吹光纤微管，而后根据实际需要吹入光纤。由于吹光纤系统将基础设施与布线产品分离，因而大大提高了性价比，可以分散投资成本，减轻用户负担。

5. 安装安全、灵活、方便，变更简易

吹光纤系统有着传统光纤系统无法相比的灵活性。不管是安装、维护还是升级，均非常安全、便捷，并且可以用最小的成本、最少的干扰及破坏来更改路由。以下通过图例来进行说明。

典型的传统光纤布线系统。在入楼处 A 和层分配线架 B 处均需做光纤接续，这样不仅增加了成本、路由及光损耗，而且使安装变得较为复杂。同时，工程现场施工环境较为复杂，由于建筑施工人误操作而导致光纤损坏的事故屡见不鲜，轻则导致光损耗加大，重则光纤折断。

图 2-150 为吹光纤系统。吹光纤系统安装时，只需敷设吹光纤微管，由楼外进入楼内和在层分配线架连接时，只需用特制陶瓷接头，将微管拼接即可，无需做任何端接。当所有微管敷设连接好后，可通过钢珠测试法来测试路由是否畅通，然后再将光纤吹入。由于路由上采用的是微管的物理连接，即使出现微管断裂也只需简单地用另一段微管替换，安全可靠。另外，在传统的光纤布线系统中，光缆一旦铺设网络结构也相应固定，无法更改。而吹光纤系统则不同，只需更改微管的物理走向和连接方式，即可轻便地将光纤网络结构改变。

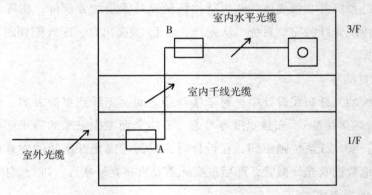

图 2-150　吹光纤系统

6. 便于网络升级换代适应标准的变化

综合布线系统总是随着网络的发展而发展的，而网络及网络设备的发展对于光纤本身也提出了越来越严格的要求。在最新的千兆比以太网规范中，由于差模延迟（DMD）等因素，多模光缆的支持距离已较原来的 2km 大大减少，越来越多的用户开始选择单模光纤作为网络主干。可以预见的是，随着网络技术的高速发展，光纤本身亦将不断发展。

据统计，在欧洲超过 1/3 的光纤系统安装完成之后，在最初的 6 个月内就面临着升级的需求，而在随后的 18 个月内，又将有 1/4 的光纤系统需要进行升级。若采用传统光纤系统，进行升级时，首先要废弃旧有的光纤系统，然后再重新进行光纤安装的施工。其所带来的诸如停机、系统瘫痪、办公室装修等人力、物力和财力损失，将十分巨大，而采用吹光纤系统则要简便得多。吹光纤的另一特点，就是它既可以吹入，也可以吹出。当将来网络升级需要更换光纤类型时，无需重新进行施工，可利用预先敷设的吹光纤微管，将原来的旧光纤吹出，再将所需类型的新光纤吹入，从而充分满足用户对未来的需求及保护用户投资的安全性。

7. 节省投资，避免浪费

根据美国 FIA 协会统计，有 72% 的用户在光纤安装之后出现闲置浪费，这种情况在我国更为严重，据有关部门估计，闲置比例应在 80% 以上。特别是我国有大量的写字楼、办公楼在初期投入使用时，采用了大量的光纤主干，然而许多租/用户目前并无对光纤的需求，从而造成大量的人力、物力浪费。对于少数需要光纤的用户来说，现有的光纤数量、类型和光纤网络结构又未必满足他们的需要，不得不重做修改。采用吹光纤系统后，在大楼建成初期只需布放吹光纤微管、附件和部分光纤，随着租户/用户的不断搬入，根据用户需要将光纤吹入。一段时间以后，当用户需要做网络修改时，还可将光纤吹出，再吹入新的光纤，方便地进行更改扩容或升级。

综上所述，吹光纤系统是一种全新的布线方式，它在传统的光纤系统上作出了重大改进，其诸多优点势必为光纤网络的迅速普及，提供强大动力，并提供给用户一个灵活、安全、高性价比的布线系统。

常见试题

一、填空题

1. 综合布线同传统的布线相比较，有着许多优越性而且在_____、_____和_____也给人们带来了许多方便。

2. 综合布线由不同系列和规格的部件组成，其中包括：_____、相关连接硬件以及_____等。

3. 所谓兼容性是指它自身是_____的而与_____相对无关，可以适用于多种应用系统。

4. 综合布线需求分析中，了解造价、建筑物距离和带宽要求，用来确定_____的种类和数量。

5. 进行需求分析时要求总体规划，全面兼顾。此外设计方案还要有一定的

_____和_____。

6. 了解用户方建筑楼群间距离、马路隔离情况、电线杆、地沟和道路状况，用来确定建筑楼群间线缆的敷设方式是采用_____、_____等。

7. 多模光纤允许多束光在光纤中同时传播，形成_____，模分散限制了多模光纤的_____和_____。

8. 光纤配线架 ODF（Optical Distribution Frame）是光缆和_____之间或光通信设备之间的配线连接设备。

9. 与单模相比，多模光纤的传输距离_____，成本_____。

10. 在地下管道中敷设缆线，一般有三种情况：_____、在人孔间直接敷设、_____。

11. 敷设线缆的路由和位置应尽量远离电力、给水和煤气等管线设施，以免遭受这些管线的危害而影响_____。

12. 一个完善的_____应该包括意外事故预防，安装_____，避免不安全的行为、环境条件，急救、个人安全等内容。

13. 综合布线的测试类型一般分为_____和_____。

14. 综合布线工程的质量必须通过_____、_____和_____ 3 个环节来保证。

15. 认证测试是所有测试工作中最重要的环节，是在工程验收时对综合布线系统的安装、_____、_____、设计、选材和_____的全面检验。

二、选择题

1. 从建筑群设备间到工作区，综合布线系统正确的顺序是(   )。

A. CD－BD－FD－TE－TO－CP   B. CD－BD－FD－CP－TO－TE

C. CD－BD－ED－CD－TO－TE   D. CD－FD－BD－CP－TO－TE

2. 下面关于综合布线组成叙述正确的是(   )。

A. 建筑群必须有一个建筑群间设备

B. 建筑物的每个楼层都需要设置楼层电信间

C. 建筑物设备间需与进线间分开

D. 每台计算机终端都需独立设置为工作区

3. 综合布线系统中直接与用户终端设备相连的子系统是(   )。

A. 工作区子系统   B. 水平子系统

C. 干线子系统   D. 管理子系统

4. 综合布线要求设计一个结构合理、技术先进、满足需求的综合布线系统方案，下列哪项不属于综合布线系统的设计原则(　　　)。

　　A. 不必将综合布线系统纳入建筑物整体规划、设计和建设中

　　B. 综合考虑用户需求、建筑物功能、经济发展水平等因素

　　C. 长远规划思想、保持一定的先进性

　　D. 扩展性、标准化、灵活的管理方式

5. 下列哪项不属于综合布线产品选型原则。(　　　)。

　　A. 满足功能和环境要求　　　　　　　B. 选用高性能产品

　　C. 符合相关标准和高性价比要求　　　D. 售后服务保障

6. 下列哪项不是综合布线系统工程中，用户需求分析必须遵循的基本要求。(　　　)

　　A. 确定工作区数量和性质　　　　　　B. 主要考虑近期需求，兼顾长远发展需要

　　C. 制订详细的设计方案　　　　　　　D. 多方征求意见

7. 下面哪种不是垂直通道布线的方法(　　　)。

　　A. 电缆孔方法　　　　　　　　　　　B. 电缆桥架方法

　　C. 电缆井方法　　　　　　　　　　　D. 管道方式

8. 一个42U的机柜等于(　　　)。

　　A. 186.7cm　　　　　　　　　　　　B. 179.8cm

　　C. 200cm　　　　　　　　　　　　　D. 196.7cm

9. 根据综合布线系统的要求，设备间无线电干扰的频率应在(　　　)范围内。

　　A. 15～1000mhz　　　　　　　　　　B. 0.15～1000mhz

　　C. 150～1000mhz　　　　　　　　　　D. 5～1000mhz

10. 以下的哪个标准是中国综合布线标准(　　　)。

　　A. GB 50311—2007　　　　　　　　　B. ISO/IEC11801—2002

　　C. EN50173—2002　　　　　　　　　　D. ANSI/TIA/EIA—568—A

11. 架空光缆在布放时，在光缆配盘时，适当预留一些因光缆韧性而增加的长度，一般每公里约增加(　　　)左右。

　　A. 10m　　　　　　　　　　　　　　B. 15m

　　C. 5m　　　　　　　　　　　　　　　D. 25m

12. 在直埋光缆施工前，要对设计中确定的线路路由(　　　)。

A. 距离丈量   B. 做好标记

C. 实施复测   D. 固定线路

13. 下面选项中不属于机械牵引敷设的是（   ）。

A. 集中牵引法   B. 分散牵引法

C. 中间辅助牵引法   D. 管道牵引法

14. 下面哪项不是衰减测试未通过的可能原因（   ）。

A. 双绞线电缆超长

B. 双绞线电缆端接点接触不良

C. 电缆和连接硬件性能问题，或不是同一类产品

D. 温度介于45℃现场环境

15. 根据回波损耗的计算公式，回波损耗越大，则（   ）越小。

A. 远端串扰   B. 反射信号

C. 特性阻抗   D. 传输时延

16. 用于测试多模光缆的光损耗测试仪有一个 LED 光源，可以产生 850nm 和（   ）的光。

A. 1300nm   B. 1350nm

C. 1500nm   D. 1550nm

三、判断题

1. 综合布线采用高品质的材料和组合压接的方式构成一套高标准的信息传输通道。   （   ）

2. 传统的布线方式是封闭的，其体系结构是固定的，若要迁移设备或增加设备是相当困难而麻烦的，甚至是不可能。   （   ）

3. 楼层配线架不一定在每一楼层都要设置。   （   ）

4. 有些需求用户讲不清楚，分析人员又猜不透，这时需要问卷调查。

（   ）

5. 吸取经验教训是建立在沟通和交流之上的。   （   ）

6. 了解建筑物的结构及装修情况，用来确定配线间的位置和室内布线方式。   （   ）

7. 托盘式桥架具有重量轻、载荷大、造型美观、结构简单、安装方便、散热透气性好等优点，适用室外或需要屏蔽的场所。   （   ）

8. 梯式桥架具有重量轻、成本低、造型别致、通风散热好等特点。（   ）

9. 弱电间又叫楼层配线间，是一连串上下对齐的小房间，每层楼都有一

间，可将楼层配线架（FD）安装在电信间中。　　　　　　　　　　　（　　）

10. 胶套硅光纤：纤芯是玻璃，包层是塑料，损耗小，传输距离长，成本较低。　　　　　　　　　　　　　　　　　　　　　　　　　　　　（　　）

11. 架空光缆的吊挂放时目前以光缆挂钩将光缆卡挂在钢绞线上为主。光缆挂钩的间距一般为25cm，允许偏差不应大于±5cm。　　　　　　　（　　）

12. 不论采用机械式或人工牵引光缆，要求牵引力不得大于光缆允许张力的最大拉力。　　　　　　　　　　　　　　　　　　　　　　　　　（　　）

13. 管道光缆敷设方式就是在管道中敷设光缆，即在建筑物之间预先敷设一定数量的管道，如塑料管道，然后再用牵引法布放光缆。　　　　　（　　）

14. 验证测试，主要检测线缆的牌子和布线距离，及时发现并纠正问题，不至于等到工程完工时才发现问题而重新返工，耗费不必要的人力、物力和财力。　　　　　　　　　　　　　　　　　　　　　　　　　　　　　（　　）

15. Fluke DTX 系列电缆认证分析仪一般包括两部分：基座部分和远端部分。　　　　　　　　　　　　　　　　　　　　　　　　　　　　　　（　　）

16. 预埋线槽宜采用金属线槽，预埋或密封线槽的截面利用率应为40% ~ 60%。　　　　　　　　　　　　　　　　　　　　　　　　　　　　　（　　）

四、简答题

1. 综合布线需求分析中通常需要获取哪些资料？

2. 试述建筑群子系统设计步骤。

3. 建筑群布线有几种方法？比较它们的优缺点。

4. 建筑物线缆入口可采用几种方法？在设计时，怎样选择？

5. 管理子系统的设计内容有哪些？

6. 综合布线传输介质中光纤和双绞线相比，光纤具有哪些优缺点？

7. 预埋金属线槽安装有哪些要求？

8. 近端串扰测试未通过的可能原因有哪些？

参考文献

[1]李宏达. 网络综合布线设计与实施[M]. 北京：科学出版社，2010.

[2]余明辉等. 综合布线技术与工程[M]. 北京：高等教育出版社，2008.

[3]余明辉等. 综合布线系统的设计施工测试验收与维护[M]. 北京：人民邮电出版社，2010.

[4]钟辉捷等. 网络布线施工[M]. 北京：人民邮电出版社，2013.

[5]杜思深等. 综合布线[M]. 北京：清华大学出版社，2010.

[6]邓文达，邓宁等. 网络工程与综合布线[M]. 北京：清华大学出版社，2015.

[7]于鹏，丁喜纲. 网络综合布线技术[M]. 北京：清华大学出版社，2010.

[8]王公儒. 网络综合布线系统工程技术实训教程[M]. 北京：机械工业出版社，2009.

[9]信息产业部. GB 50311—2007 综合布线系统工程设计规范[S]. 北京：中国计划出版社，2007.

[10]信息产业部. GB 50312—2007 综合布线系统工程验收规范[S]. 北京：中国计划出版社，2007.